沟渠水生植物
氮素去除潜力与
影响因素研究

◎ 高懋芳 刘 莉 著

中国农业科学技术出版社

图书在版编目（CIP）数据

沟渠水生植物氮素去除潜力与影响因素研究 ／ 高懋芳，
刘莉著.—北京：中国农业科学技术出版社，2016.11
　　ISBN 978－7－5116－2814－5

　　Ⅰ.①沟… Ⅱ.①高… ②刘…Ⅲ.①水生植物－土壤氮素－
污染防治－研究 Ⅳ.①X52

　　中国版本图书馆CIP数据核字（2016）第 262580 号

责任编辑　史咏竹
责任校对　杨丁庆
出 版 者　中国农业科学技术出版社
　　　　　北京市中关村南大街12号　邮编：100081
电　　话　（010）82105169（编辑室）　（010）82109702（发行部）
　　　　　（010）82109709（读者服务部）
传　　真　（010）82106626
网　　址　http:∥www.castp.cn
经 销 者　各地新华书店
印 刷 者　北京科信印刷有限公司
开　　本　880 mm×1 230 mm　　1/32
印　　张　3.625
字　　数　80千字
版　　次　2016年11月第1版　2016年11月第1次印刷
定　　价　29.00元

前　言

　　中国农业面源氮素污染已成为水体环境恶化的重要原因。过去几十年来，中国经济取得了飞速发展，然而随之而来的水质下降与水污染问题日益突出，湖泊、水库、河流、近岸海域以及地下水等均出现了不同程度的污染。在点源污染得到有效控制之后，面源污染成为水体污染的最主要原因，其中农业面源氮素污染尤为突出，已成为当前影响水体环境质量的主要因子。在中国水体污染严重的流域，农田、农村畜禽养殖和城乡结合部的生活排污是造成水体氮、磷富营养化的主要原因。受农业非点源污染影响，我国湖泊达到富营养化水体的已占63.6%，一些农业高产地区的湖泊如太湖、巢湖、滇池等总氮、总磷浓度分别是20世纪80年代初的十几倍，其中50%以上的氮、磷污染负荷来自农业非点源污染。全国第一次污染源普查公报结果也表明，农业源污染物是总氮、总磷排放的主要来源，其排放量分别为270.46万吨和28.47万吨，分别占排放总量的57.2%和67.4%。

　　农田排水沟渠是连接污染源头与大型水体的通道，对面源氮素污染物去除有重要作用。农田排水沟渠作为面源污染源与水体之间的缓冲区，能够通过沉积物吸附、植物吸收、生物降解等一系列自然净化机制，降低进入河流等地表水中的氮素污染物

1

含量。为了深入研究美国墨西哥湾富营养化的源头，美国地质调查局的Alexander选取了美国境内374个监测点进行分析，结果表明，随着河流尺寸的增大，氮素去除的效率迅速下降，临近大的支流或主干河道的污染源由于没有经过细小河流的氮素去除过程，因此成为密西西比河输出到河口中氮素的关键来源。Peterson利用[15]N示踪剂研究美国源头河流氮素动态，结果显示，沟渠对营养物质向河流、湖泊以及河口输送有很重要的控制作用。在生物活动较强的季节，流域范围内进入源头沟渠的可溶性无机氮中，只有不到一半被输出到下游河道中。要深入理解与定量化研究营养物质管理，关键在于同时分析营养物质在田块尺度以及它们进入水生环境后的过程，进入流域排水网络的总氮中，有10%~70%可以在沟渠生物地球化学过程中予以去除。

植物吸收与底泥反硝化是农田沟渠中氮素去除的关键过程。自20世纪70年代后期开始，人们发现氮素在农田沟渠以及河流网络的传输过程中，有一部分可以被去除，于是有研究者在不同区域开展相关监测分析工作，研究方法主要有物质平衡法、模型法、示踪剂法，物质平衡法主要是根据氮素的输入与输出计算氮素滞留，模型法大多是在典型地区观测数据的基础上，利用经验公式或者回归方程估算，示踪剂法主要利用[15]N同位素或者注射氯化物等方法跟踪元素迁移转化过程。Haycock在欧洲的研究表明，通过沟渠周边湿地过滤的作用，可以明显减少河流中硝态氮的浓度，植物吸收与微生物反硝化是主要的缓冲机制，因此对这两个过程的研究也相对较多。瑞典南部的研究表明，在1年的时间范围内，反硝化去除占总去除量的30%~40%，巢湖的研究显示，反硝化去除氮素占44.1%。另外，在美国东北部、密西西比河等地的研究均表明，底泥反硝化去除氮素总量约占总去除量的一半左右。而植物吸收的作用则比较复杂，需要深入研究。

本研究在"973计划"项目"典型流域陆地生态系统—大气碳氮气体交换关键过程、规律与调控原理（2012CB417100）"与国家自然科学基金项目"农田排水沟渠对面源氮素污染物的去除机制研究（41201508）"的支持下，开展了沟渠水生植物去除氮素潜力与影响因素研究。通过室内模拟的方法，以狐尾藻、千屈菜、菖蒲、水葫芦作为研究对象，分别探讨了不同浓度氮营养条件下、长期淹水条件下和干湿交替条件下，不同水生植物对氮素迁移转化过程的影响，为沟渠氮循环模拟、沟渠氮素去除效率评价提供了科学依据。主要研究结果如下。

(1) 沟渠湿地系统对水体中氮素去除的能力较强。在不同浓度氮营养条件下，菖蒲各处理在17天内TN去除率均达到了74%以上，水葫芦试验组TN去除率为100mg/L含氮处理（99%）>200mg/L含氮处理（82%）>400mg/L含氮处理（73.5%）。在长期淹水条件下第4天，不同植物处理上覆水中的TN含量仅为初始含量的3%。干湿交替条件下，在两次加入含氮培养液后，各处理上覆水中的TN也都分别在10天和7天内达到基本去除。

(2) 底泥对上覆水中氮素的截留作用是水体中氮素去除最重要最快速的途径，吸附过程增加了氮素的停留时间，为通过植物吸收、N_2O、N_2排放和氨挥发等途径从系统中彻底去除氮素提供了更多的时间，所有试验中底泥最高TN吸附量占施氮量的85%。

(3) 在不同氮营养条件下，菖蒲和水葫芦吸收氮量占施氮量的10%~30%，且随着上覆水中氮浓度的升高，植物吸收的总氮量占施氮量的比例逐渐减小。在长期淹水条件下，总氮去除率与植物生物量和地上部分氮含量成显著正相关（相关系数分别为0.989和－0.985，$P<0.05$），其中狐尾藻吸氮能力最强，收获时该处理的植株中氮素总量远远高于其他植物。干湿交替条件下植物长势均不如长期淹水条件，但千屈菜受影响最小，在此条件下吸氮能力最强。

（4）在不同氮营养条件下，随着施氮量的增加，N_2O排放总量也增加。在长期淹水状态下，有植物处理和无植物对照处理的N_2O的排放通量分别介于－3.56~9.31μg N/（$m^2 \cdot h$）和－1.26~2.2μg N/（$m^2 \cdot h$），而干湿交替状态能有效促进N_2O的排放，有植物处理和无植物对照处理的最大N_2O排放通量分别增长到93.19μg N/（$m^2 \cdot h$）和33.21μg N/（$m^2 \cdot h$），且N_2O的排放通量与水中硝态氮含量呈极显著相关性（$P<0.01$）。但总体看来N_2O的排放通量均不算太高，总结所有试验得出植物对N_2O排放的促进能力为狐尾藻>水葫芦>菖蒲>千屈菜。

（5）植物能降低和稳定水中的pH值，使其基本维持在微碱性状态（7.5~8.3）。水体的Eh由于植物的加入而提高，且在淹水条件下Eh与水中的硝态氮呈显著负相关（$P<0.05$）。植物对水体DO浓度也有影响，定期及时的收获植物，有利于氮素去除和保持生物正常生长的DO浓度。

高懋芳　刘　莉

2016年10月

目　录

第一章 绪 论

一、研究背景及意义

（一）农业面源污染概况

随着中国经济的迅速发展，水环境污染问题日益突出，湖泊、水库、河流、地下水和沿海水域都呈现出不同程度的污染[1]。

水体污染的原因主要分为点源和面源污染（又称为非点源污染），随着经济和科技的发展，人们一直在努力通过改造技术和提高管理要求来加强环境保护力度，虽然在控制点源污染的问题上已见成效，但是非点源污染的问题一直以来还是最大的难题，因此，非点源污染已经成为水体污染的最重要原因。面源污染染和点源污染不同，点源污染主要来源于工厂、企业、城市污水处理厂等固定污染排放源，而面源污染物主要随着水流分散方式排入水体。其中面源污染中最主要、对水资源威胁最大的一部分是来自农业面源污染[2, 3]。

农业面源污染指在农业生产活动中产生的一些污染物，其中包括随意丢弃的农村垃圾，不合理排放的畜禽粪便等废物，过量施用农作物化肥和农药造成的大量氮磷元素以及残留农药等，随着降雨、排水、径流等进入河流和湖泊导致水体污染[4]。

农业面源污染与土壤的侵蚀程度、化肥农药的不恰当使用、农业种植以及耕作方式的不同、区域降水变化等因素密切相关，因此其覆盖范围广、管理以及控制十分困难，已经成为世界各国水体污染的一大主要原因[5, 6]。面源污染中引起污染的物质主要为氮、磷等营养元素，其是造成水体富营养化的主要元素，已经成为水体主要限制性因子[7-9]。其中，农业面源污染中氮素的污染更加严重，对水体安全和生态环境系统产生了严重威胁[10]。曾被世界经济合作与发展组织（OECD）观察检测和数据统计的18个国家中，有65%的湖泊和水库为富营养化水体，只剩余17%的湖泊和水库处于正常的营养水平范围；在美国，有六成被污染的水体是面源污染造成的；在丹麦，面源污染对其270条河流中的氮元素负荷和磷元素负荷贡献率分别高达94%和52% [11]；荷兰水环境污染中来自于农业面源的总氮、总磷的污染分别占水环境污染总氮、总磷总量的60%和40%~50%；日本Biswa湖的最大的污染物来源就是稻田[12]；英、法等国氮素流失也成为水体污染重要原因[13]。

在我国，农村畜禽养殖、农田农耕活动和城乡生活排污是水体中氮、磷营养物质的主要来源[14]。据统计，每年从农田流失的氮就超过1.5×10^6t，这些氮通过降雨等形式进入水体，导致湖泊、池塘、河流等水环境生态系统的污染和富营养化[15]。受农业面源污染影响，我国湖泊富营养化情况十分严重，已占全国湖泊的63.6%，其中有25个湖泊水体中全氮的含量都超过了水体富营养化的指标，仅仅有8%的湖泊磷元素含量未超过水体的磷富营养化的临界值[16]。如太湖、巢湖等这些农业产品高产出区域的湖泊中总氮、总磷浓度已经比20世纪80年代初增长了十几倍，其中超过一半的氮、磷污染负荷来源于农业面源污染[17]。全国第一次污染源普查公报结果也显示，总氮、总磷排放的来源主要为农业面源污染物，其排放量分别高达270.4×10⁴ t和28.47×10⁴ t，分别占排放总量的57%和67.4%。

（二）沟渠湿地在面源氮素污染物去除过程中意义重大

　　沟渠作为农田灌溉排水的主要通道，连接着农业、农村生活污水和河流，其形状多为规则的线性形状，与周围有着丰富的物质交换。农田中大多数沟渠不深，但水位变化较大，随着降雨和农耕活动习惯而变化，呈现干涸状态的现象也时有发生[18]。其类型大致包括以下几种：田间水渠、农田旁边的一些池塘和有较强季节性的小河流。它既是农田的出水口，也是周围河流的主要入水口。

　　研究表明，流域源头小型溪流对水流中的氮能快速吸收和转化，降低氮的迁移量。Pinay等[19]在英国一个小的农业流域研究结果进一步强调了小的河流以及河流周边在缓冲非点源氮输入上的重要作用。美国地质调查局的Alexander等[20]对美国墨西哥湾富营养化的源头进行了深入研究，他在美国境内设立了374个监测点，分析结果表明，随着河流尺寸的增大，氮素去除的效率迅速下降，临近大的支流或主干河道的污染源由于没有经过细小河流的氮素去除过程，因此成为密西西比河输入河口中氮素的关键来源。因此从非点源污染物源头进行有效的控制来减少氮、磷元素等污染物的迁移转化，能有效地保护水体环境，有事半功倍的成效。

农田排水沟渠系统是农田生态系统的重要组成部分，不但有利于田间多余水量的排出，也是面源污染物与水体之间的缓冲区，还发挥着湿地生态系统的双重功效。能够通过沉积物吸附、植物吸收、生物降解等一系列机制降低进入河流等地表水中的氮素污染物含量[21~23]。Peterson等[24]利用^{15}N示踪剂研究美国源头河流氮素动态，结果显示，沟渠对营养物质向河流、湖泊以及河口输送有很重要的控制作用，在生物活动较强的季节，流域范围内进入源头沟渠的可溶性无机氮中，只有不到一半被输出到下游河道中。Birgand等[25]在农田沟渠中氮素去除的综述文章中指出，要深入理解与定量化研究营养物质管理，关键在于同时分析营养物质在田块尺度以及它们进入水生环境后的过程，进入流域排水网络的总氮中，有10%~70%可以在沟渠生物地球化学过程中予以去除。因此，充分发挥农田沟渠的氮素去除潜力，能够有效地保持农业生态系统营养物质均衡和流域生态系统健康[26]。

（三）沟渠水生植物除氮潜力很大

水生植物是沟渠湿地生态系统的重要构成成分，对农业面源污染物的去除作用不容忽视[27]。水生植物群落可有效改善富营养化，近些年来许多国家都已针对沟渠湿地生态系统中的水生植物开展了一些水体富营养化的修复研究[28, 29]，如荷兰[30]、丹麦[31]等国，经过沟渠湿地生态系统中水生植物的净化，水体水质与之前相比大为改善。

水生植物对水体中氮素去除的途径主要有以下几个。

首先，水生植物可以通过根系呈网络状的特点吸收农田水层和农田底泥所含的氮、磷元素，通过植物根系、木质部运输到茎、叶柄和叶等其他组织，最终通过相应的代谢将氮磷元素转化成植物所必需的组分，使自身得以生长和发展。并且水生植物的根系能够滞留一部分泥沙，吸附泥沙中氮、磷元素，进一步提高改善水质的能力。

其次，水生植物可以通过叶片的气孔吸收空气中的氧气并经过茎、叶的传送最终到达根区，使根区形成氧化的微环境，为硝化细菌和一些好氧细菌以及微生物的生长提供了良好的生存环境[32]。硝化细菌在氧气充足的条件下发生硝化作用，将土壤的NH_4^+-N转化为NO_3^--N，从而增加对氮素污染物的吸收和沉淀[33-35]。硝化—反硝化作用是沟渠湿地生态系统中脱氮过程的重要途径，而植物根系区域创造的好氧环境以及植物自身吸收能力是N迁移的关键因素[36]。湿地水生植物还能够为周围微生物提供碳源和能源[37]，供其生长活动之需。植物根系在新陈代谢过程中分泌的某些渗出液还能够提高微生物的降解活性，促进微生物之间物质的转化速率，加速微生物对水体和土壤中污染物的降解作用。

再次，湿地水生植物还可以通过植物的覆盖度、植物根系的生长状况等方面因素来影响湿地中水流的水力条件，从而进一步影响沟渠湿地水生植物对氮素污染物的净化效果。

最后，当沟渠湿地水生植物生长占优势时，水生植物对光能和营养物质的吸收和利用相对藻类等生物来说处于有利地位，因此能有效抑制水体中浮游藻类等生长繁殖，从而使水体透明度、水体环境得到改善。

总之，水生植物在沟渠湿地系统中对污水处理发挥着独特的功效。

二、国内外研究进展

（一）水生植物氮素去除潜力

1. 植物本身对氮的吸收

大量研究结果显示，水生植物对水体中过量氮、磷营养物质的吸收和去除有较好的效果。国内外学者通过对不同类型的水生植物去除氮、磷的效果进行研究，发现漂浮植物、挺水植物和沉水植物对水体中氮、磷的吸收都具有一定的作用，能够达到降低水体富营养化水平，提高水环境质量，尤其对氨氮去除具有显著效果[38]。蒋跃平等[39]探究了人工生态湿地中21种水生植物在低浓度氮磷的富营养化的水体中对氮磷元素的去除效果，结果表明21种水生植物都能够显著去除污染水体中的氮磷，去除率分别达到了46.8%和51.0%。Chenetal[40]在浙江绍兴东南部长乐河的研究结果表明，长乐洞每年去除总氮为1 538~2 127t，占总输入的30.3%~48.3%，河流营养物质去除比率与水生植物以及日照时数关系密切。Bramwell等[41]利用凤眼莲对污水进行净化处理，处理1周后检测到凤眼莲植株组织中总氮和总磷的含量分别出现了2.9%和6.7%的增长，并且发现氮磷元素在水体和植物组织中的浓度比值决定了氮磷去除量。

方云英等[42]研究发现，水生植物通过吸取水体中的营养物质，将其转化为自身的组成部分，使被吸收的氮磷营养物质得到彻底的去除，这是一种直接、有效、低成本的水体修复方式。Philip等在对人工湿地中香蒲的研究表明，香蒲对水体中的氮的吸收量能够达到565mg/（$m^2 \cdot d$），主要吸收转运到植物体内储存，再通过代谢的过程同化为植物体的重要组成部分，植物枯萎后应及时收割，避免营养物质再次进入水体或土壤，造成二次污染。姜翠玲[43]等人对沟渠湿地水生植物净化农业面源污染物的研究结果表明，每年收割沟渠湿地种植的水生植物芦苇、菱草，可带走463~515kg/hm^2的氮和227~149kg/hm^2的磷，相当于当地农田213~312hm^2流失的氮肥和农田113~310hm^2流失的磷肥。说明水生植物定期收割对水体中氮磷去除具有至关重要的意义，可以降低水体富营养化现象出现的可能性，且能避免水体的二次污染。

水生植物净化水体除直接吸收氮磷元素外，植物表面还可以通过分解的具有较强吸附力的腐殖质将氮磷化合物吸附在植物表面[44]；还有相关的研究表明，水生植物还能通过根系来截留水中氮磷悬浮物，被植物根系捕捉截留的这些氮磷悬浮物会不断分解出可溶性的氮、磷化合物，并被植物吸收同化利用[45]。

2. 植物对微生物去除氮素的促进

水生植物具有庞大的根系和根土界面，有利于细菌、真菌、单细胞藻类等微生物附着在上面，有研究发现，有植物生长的情况下，水体、底沙和植物根面具有较多数量的与N循环相关的微生物，如硝化细菌、反硝化细菌等[46]。近期，焦燕等[47]也在考察水生植物对深圳市污染河流布吉河河水的净化作用时，发现水生植物能够有效增加水体中微生物的生物量，其中硝化细菌数量的增长最为明显，从占总参与氮循环细菌数量的0.12%增长到0.39%，使污染河流中有关氮循环的菌群比例得到了优化。

李淑英[48]等对人工湿地水生植物群的净化效果进行了研究，结果表明植物根系细菌数量和总氮的变化具有一定的联系，主要呈正相关性，可以说明总氮的去除不仅是水生植物的单独作用，还和水生生物相关，是共同作用的结果。伍华雯等[49]开展了具体有固定作用的微生物与大型水生植物组合去除养殖废水中氮磷污染物质的试验，结果表明，固定化微生物联合粉绿狐尾藻作用于养殖废水，在室内试验15天内使其中的亚硝态氮和铵态氮含量分别减少了50.83%和62.38%，而单独作用的固定化微生物的去除率分别只有39.55%和51.17%，单独作用的粉绿狐尾藻的去除率也只达到40.78%和53.31%，说明了微生物和植物联合作用效果均显著高于其单独作用效果。

3. 植物通过影响水文条件对氮素去除的促进作用

在农田沟渠中，植被覆盖率与水流速度是呈负相关的关系，植被丰富且密度较大的地方，水体的流动会明显受阻，因此可以被水流带走的泥沙量减少，一些滞留在水体中的颗粒态营养物质随着重力的作用沉降到沟渠底部或吸附在植物表面[50]，不仅滞留了氮、磷营养物质，也给微生物发生硝化—反硝化作用和水生植物对氮磷的吸收增加了时间，减少进入下游水体的氮磷富营养物质。王沛芳[51]等进行太湖流域自然水塘湿地系统试验，证明了沟渠的几何形状大小和水流运动特性与水流中氮素的净化的过程息息相关。

4. 植物对藻类的感化抑制作用

孙文浩[52]和何池全[53]等人通过试验研究表明，凤眼莲、石菖蒲不仅能与藻类产生生物竞争关系，吸收水中藻类所需的营养物质，而且其根系通过新陈代谢能释放出一些对藻类有化感作用的分泌物，从而限制藻类的生长发展，防止水体环境的恶化。之后，孙文浩[54]等为了进一步证明植物对藻类的抑制作用，培育去除了试验所用凤眼莲植物苗植株上的所有微生物，并开展试验证明了在无菌状态下凤眼莲对雷氏衣藻的生长发展依然具有限制作用。另外，Nakai[55]等采取初始一次性投加和阶段性半连续投加等不同的投加水生植物的方式，发现水生植物是通过连续性的分泌感化物质来达到限制藻类生长发展的效果。同时清华大学在国际上首次证实了在芦苇植株内会分泌出2-甲基乙酰乙酸乙酯，这种物质会有选择针对性的对铜绿微囊藻和蛋白质小球藻等产生有效的化感限制功能[56]。

（二）水生植物去除氮素的主要影响因素

1. 品　种

不同的水生植物对水体修复的效果有所差别，现有研究表明，红艳蕉、芦苇、水菖蒲、岩兰草、风车草、水稻、水英、通心菜、黄花水龙等水生植物对吸收净化氮磷都有很好的效果[57, 58]。但对于不同植物吸收净化氮的能力有很大差别，净化效率可从20%[59]至98%[60]。水生植物的净化效果基本上是沉水植物最强，漂浮植物相对弱一些，挺水植物则相对最弱[61, 62]。Collins[63]等人指出，虽然大部分湿地植物对营养物质都有一定的吸收效果，但植物不同的根系深度和生长形态影响着其对水体中氮磷营养物质的吸收效果，其中根系系统直接置身于污染水体中的植物比那些根系深深扎入底泥机制中的植物对氮素的吸收效果更好。张贵龙[64]等以鸢尾、茭白、水芹和狐尾藻为研究对象，结果显示4种水生植物对氨氮和硝态氮的吸收偏好表现不一，鸢尾对于硝氮的吸收潜力比氨氮的吸收潜力大，但鸢尾对氨氮的亲和力却比对硝氮的大，试验表明鸢尾在硝氮较高浓度中对氨氮的吸收较为优先，狐尾藻和水芹吸收硝氮和氨氮的偏好程度相差不大，吸收相对均衡，而茭白主要对氨氮具有较高的吸收潜力与亲和力。

2. 温　度

季节变化导致光照强度有很大的波动，这也是水温的变化主要原因。而水温对水生植物的生长影响很大，主要表现在水生植物光合作用和呼吸作用上。当水生植物处于最适宜的水温范围中时，随着水体温度的上升，植物的生命活动会越来越活跃，生长速率也越快[65]，去除水体中污染物质的速率也随之加快。在冬季里温度相对较低，大多数植物生长变得缓慢，对水体的修复效果也将降低，而一些植物在冬天将会枯萎，残留的植物进入环境中引起二次污染。但对于耐寒植物来说，情况和之前的植物却是相反，在寒冷季节中水温降低，达到了耐寒植物的适应生长温度，因此对水体的净化效果增强，如水芹菜、聚草等。因此，在建立生态沟渠植物的选择上应根据植物对温度的不同要求将耐高温的植物与耐寒植物合理搭配，使沟渠在各个时期都能达到最佳的去氮效果。现已有很多研究者在探究各种植物的最佳生长温度，如浮萍在20~30℃为最佳生长的温度，紫萍在25~30℃为最佳生长温度，在这个温度范围内，对水体的修复效果达到最强[66]。

3. 光　照

光照是植物体内光合作用合成有机养料的必要因素，对水生植物生长具有重要影响，而不同植物对于光照的需求会有所差别，所以光照会影响着植物的分布，决定了植物的光合产量以及植物在当下环境下的生存竞争能力。在不适宜的光照强度下，植物的生长会因不能承受光照太强而生长受到抑制，因此植物对水体的净化效率随之受到影响。苏文华[67]开展了不同光照条件对5种沉水植物生长影响的探究试验，结果表示苦草生长所要求的光照强度最小，高光强的状况反而会抑制其生长发展；穗状狐尾藻和金鱼藻这2种沉水植物的最适宜光照强度比其他3种沉水植物都高，在水下较浅区域的竞争能力比较强；菹草和黑藻2种沉水植物对光照强度的要求处在其余3种植物之间，在水层的中间层产量最多，生长优势只有在中层水层才能得到最大限度的发挥。因此，按照不同植物对光照强度的不同需求，可以合理地组合不同的水生植物对水体进行修复，能够大大提高水生植物对污染水体中氮素营养物质的去除效果。

4. 水体pH值

水体的pH值影响氮素各个形态的转化，从而影响到水生植物的光合作用速率，进而促进或者抑制水生植物的生长。研究表明多数沉水植物的pH值耐受范围大致在4~12，适宜生长的范围为6~10。水葫芦的最佳生长pH值范围是6.5~7.5，小球藻最佳生长环境的pH值是7~8[68]，浮萍在偏酸性的水体环境中能更有效地去除水中的营养物质。另外，在研究中发现水体pH值与微生物的硝化作用紧密相关，pH值已经成为衡量水体环境的重要指标之一。在环境呈中性或微碱性的条件下，微生物的硝化过程迅速，当下的研究证明最适宜硝化作用反应的pH值是7.3~8，当pH值超越这一最佳范围时，微生物硝化速率将会降低[69]。

5. 氮浓度

水体中不同的营养盐浓度，对水生植物生长有一定的影响，尤其是水中无机氮浓度对水生植物的生长影响显著。不同水生植物都有一个最适宜其生长的氮浓度范围，在此浓度范围内，水中营养物质浓度越高，水生植物的生命越旺盛，繁殖发展速度也更快，从而提高水中氮素的净化效率；但当水中的营养盐浓度过高时，会抑制植物生长，降低吸收效率。

相关研究表明，一般在高浓度铵态氮的胁迫下，可以明显发现植物的生长比起在正常浓度铵态氮水体中的生长受到了抑制，并表现出植物的叶片变黄、植物的光合作用受阻、体内的碳和氮代谢失调，植物体内的阳离子吸收（如K^+、Ca^{2+}和Mg^{2+}等）受到限制[70−73]。Wang等[74]研究表明，沉水植物苦草如果受到高浓度氯化铵的胁迫作用，仅需短期（4～8天）其植物体内的叶绿素含量就会显著降低。也有研究显示，高浓度铵态氮环境会导致植物光呼吸增加，并会产生过量乙烯和多胺[75]。各种植物的耐氮程度也有较大差别，金相灿等[76]研究认为，轮叶黑藻在1.5~4.0mg/L的铵态氮浓度下会产生胁迫作用，而对于穗花狐尾藻而言，水中的浓度达到8.0mg/L时，生长才会受到较明显的影响。

三、研究目标与内容

（一）研究目标

本研究以绿狐尾藻、千屈菜、菖蒲、水葫芦作为研究对象，利用室内人工模拟的方法，旨在明确不同浓度氮营养条件下、长期淹水条件下和干湿交替条件下，氮素的迁移转化规律，探讨氮素主要去除途径及影响因素，为合理选择沟渠水生植物种类，提高沟渠水生植物氮素去除效率提供科学依据，为课题来源国家自然科学基金项目中氮循环的模拟提供数据支撑。

（二）研究内容

本研究的主要研究内容包括以下3个方面。

1. 水生植物在不同浓度含氮培养液条件下的氮素去除效果及其影响因素试验设置4种不同浓度含氮培养液处理，定期检测气体、底泥、水体样品，对菖蒲和水葫芦两种植物进行了两个周期的系统观测，分析气体、底泥、水体中氮素的迁移转化规律，并探讨其与环境因子之间的关系，明确不同浓度培养液条件下水生植物氮素去除潜力与影响因素。

2. 不同水生植物在长期淹水状态下氮素去除效果及其影响因素

以狐尾藻、水葫芦、菖蒲、千屈菜4种水生植物为研究对象，在长期淹水条件下，定期对气体、底泥、水体进行观测，分析不同植物处理下气体、底泥、水体中氮素的迁移转化规律，并分析其与环境因子之间的关系，明确不同水生植物氮素去除潜力与影响因素。

3. 不同水生植物在干湿交替状态下氮素去除效果及其影响因素

以狐尾藻、水葫芦、菖蒲、千屈菜4种水生植物为研究对象，设置干湿交替的试验，定期对气体、底泥、水体进行观测，分析不同植物处理下气体、底泥、水体中氮素的迁移转化规律，并分析其与环境因子之间的关系，明确水生植物在干湿交替条件下的氮素去除潜力与影响因素。

第二章 材料与方法

一、试验地点概况

本试验设置在中国农业科学院温室（39°57′N，116°19′E）内，该温室由无色透明玻璃建成，利于阳光射入，温室的顶部设置了遮阳、通风、补光、空气环流等设备，用来调节温室内的湿度和温度。晴天适当打开上下通风口和环流风机，促使室内与外界的空气交换，雨雪天气时封闭通风口防止雨水进入。供试平台大小为20m²，试验期间温度在16~30℃。

二、试验材料

（一）植　物

供于试验的植物有狐尾藻、千屈菜、菖蒲、水葫芦4种。

狐尾藻（*Myriophyllum verticillatum*），又被称为布拉狐尾、粉绿狐尾藻等，被子植物门、双子叶植物纲、小二仙草科中的狐尾藻属，多年生挺水或沉水草植物，狐尾藻生命力、耐污染能力强，广泛生长在中国南北方的稻田、沟渠、池塘中，是生态修复项目中优先考虑的先锋物种[77]（图2-1）。

图2-1　狐尾藻

千屈菜（*Lythrum salicaria*），又被称为水枝柳、水柳、对叶莲，千屈菜科千屈菜属，多年生挺水草本植物，环境适应性强，耐盐碱，在中国南北方均有分布，常见于沼泽地、沟渠边或滩涂上，具有很高的观赏价值（图2-2）。

图2-2　千屈菜

菖蒲（*Acorus calamus*），也叫白菖蒲、藏菖蒲，多年水生草本植物，有香气，叶丛翠绿，在20~25℃的条件下生长最好，低气温中生长停滞，广泛分布在世界温带、亚热带，常见于湿地、沟渠或水田边（图2-3）。

图2-3　菖　蒲

水葫芦（*Eichhornia crassipes*），又被称为凤眼莲、水浮莲，属雨久花科凤眼莲属，多年生宿根浮水草本植物，浮水或生于泥土中，生命力极其顽强，对高pH值忍耐度高，极耐肥，群生于河水、池塘、池沼、水田或小溪流中，是良好的净水植物（图2-4）。

图2-4　水葫芦

以上植物均购自北京郊区的某园林绿化公司，取回的植物经洗根后，在温室内用自来水驯养两周，使其适应环境自然生长，以供试验时取用。

（二）底　泥

试验所用的底泥采自中国农业科学院东门附近荒置一段时间、泥土较干且未开展试验的试验田中。选择晴朗天气泥土含水较少时，用编织袋盛装，将培养土壤带回实验温室自然风干后，进行土壤碾磨，过十目筛，混合均匀，放置在干燥的地方以备试验之用。

试验前称取15kg已处理好的干燥土壤装入各试验培养箱中，用自来水浸泡去除土壤中的杂质，并隔3天换一次水，将土浸泡1周。

（三）试验培养箱

试验所用的培养箱是由1cm厚的无色透明有机玻璃作制而成，箱体大小为46cm×36cm×47cm（长×宽×高），箱体顶部设有用于采气时密封的水槽，箱盖的尺寸为70cm×80cm×11cm（长×宽×高），箱盖上设有3个孔，其中一个孔安装气体采集的PVC采样管，另两个孔安装温度感应探头，用于采气对水温和箱温进行同步监测，还有一个孔用来安装风扇，箱盖只在采集气体时使用，试验中其他时间均不盖箱盖（图2-5）。

图2-5　试验培养箱

三、气体采样与分析方法

（一）气体采集

采用静态箱—气相色谱法对气体的排放通量进行测定。气体样品的采集设定在采样日9:00—10:40完成。采气前打开温室的遮阳设备，以防止采样时阳光照射不均匀造成较大的温度差异，往箱体水槽中加好适量的水，以确保采样箱的密封性，并做好采样注射器、气袋和温度检测器的连接工作。在9:00依次盖上箱盖对采样箱进行密封后，立即用注射器抽取气体保存在标记好的气袋中，并同时记录采样的时间、箱温、土温或水温，之后每隔20分钟以同样的方法采集一次气体，每个培养箱都各采集5次气样。

19

（二）样品分析

气体样品放置的时间不宜过长，若气体发生泄漏将影响试验结果的准确性，为了保证测定结果真实、有效，采得的气体样品带回实验室于一周内完成测定，因试验条件的限制，只对气样中的N_2O气体进行了分析。气样带回实验室后用改进的气相色谱仪（Agilent 7890A）分析N_2O气体浓度，以高纯氮气为本底载气，采用电子捕获检测器（ECD）分析N_2O的浓度，工作温度为330℃。

（三）气体通量的计算

根据气体通量定义，线性和非线性算法给出的通量（F）估计值分别由下式[78]确定。

线性算法　$F = a \cdot V/A \cdot M/V_0 \cdot P/P_0 \cdot T_0/T \cdot c$

非线性算法　$F = (k_1 - k_2 \cdot C_0) \cdot V/A \cdot M/V_0 \cdot P/P_0 \cdot T_0/T \cdot c$

式中，a为采样箱密闭期间气室内目标气体浓度的平均变化率，$k_1 - k_2 \cdot C_0$为密闭采样箱之初的气室内目标气体浓度的瞬时变化速率，C_0为密闭之初的采样箱气室内气体浓度，V为采样箱气室体积，A为采样箱底面积，M为目标气体的摩尔质量，V_0为标准状况下目标气体的摩尔体积，T和P分别是采集气体样品时的气室空气温度和气压（因采样箱具有绝热和气压平衡管设计，认为可用箱外空气温度和气压的测定值来代替），T_0和P_0为标准状况下的气温（273K）和气压（101.3kPa），c为量纲转换系数。参数a、k_1和k_2的值由气室内气体浓度测定值随采样时间而变化的最小二乘法拟合结果给出。

四、水样采集与分析方法

水样统一采用从南京力宁塑料公司购得的容量为120mL的耐酸碱特密封塑料小方瓶采集。采集到的水样在不能及时测定时，带回实验室，放入–18℃冷柜中冷冻保存，在测试的前1天晚上取出解冻，第2天及时测定各指标，尽量减少解冻后产生的误差。因为试验中培养液是以硫酸铵（铵态氮）控制氮浓度，因此本试验所测试的项目均是不同形态的无机氮（铵态氮、硝态氮、亚硝态氮）和总氮。

（一）铵态氮

水样铵态氮指标采用国家标准分析方法（GB7479—87）——纳氏试剂比色法进行检测，该方法用分光光度法测定时，最低检出浓度为0.05mg/L，上限浓度为2mg/L。其原理是：以游离的氨或铵离子等形式存在的铵氮与纳氏试剂反应生成黄棕色络合物，该络合物的色度与铵氮的含量成正比。

（二）硝态氮、亚硝态氮

水样硝态氮、亚硝态氮采用离子色谱法（Ion chromatography）检测。仪器为戴安公司生产，型号DX-120。其原理实质是离子交换平衡。

（三）总　氮

水样中的总氮指标的测定采用国家环境保护标准（HJ 636—2012）——碱性过硫酸钾消解分光光度。方法原理：在120~124℃的碱性介质条件下，用过硫酸钾溶液作为氧化剂使样品中含氮化合物转化为硝酸盐，采用紫外分光光度法于波长220nm和275nm处，分别测定吸光度，按A=A220 – A275计算硝酸盐氮的吸光值，从而计算总氮的含量。

五、底泥采集与分析方法

采集底泥土样时使用采样器每箱采集3个点，采样约100g，为避免取表层土样不具代表性，要求每次取土样必须取至箱底，将各层次的土装入自封袋混合均匀，放置在 – 18℃条件下保存备测。底泥取样后抚平采样造成的空洞，抚平时尽量减少水和底泥的扰动。

（一）铵态氮、硝态氮

土样铵态氮（NH_4^+-N）和硝态氮（NO_3^--N）采用2M优级纯KCl浸提进行前处理，然后再由FIAstar 5000流动注射分析仪测定。

预处理具体方法：称取混匀的新鲜土壤样品10g（使用精度0.01g的天平，记录实际称取土重），放入250mL三角瓶中，用量筒加入1mol/L的KCl溶液100mL，放入振荡机振荡1h，用定性滤纸过滤后待测。同时，取15~25g鲜土加入铝盒，记录鲜土和盒重，在105℃下烘至恒重，称量干土重，从而算的土壤样品的干湿比，用于计算土样中铵态氮和硝态氮的含量。

（二）总　氮

土壤中氮分为有机态和无机态，两者之和为总氮。测定土壤总氮采用的半微量凯氏法（GB 7173—87），其原理是使样品中的所有含氮物质经消煮反应转变成NH_4^+-N，碱化后蒸馏出来的氨用硼酸吸收，以酸标准溶液滴定，求出土壤全氮含量。在测定前，首先要将鲜土自然风干，用四分法碾磨，过一百目筛。测定土壤总氮的同时测定土样水分含量。

六、植物样采集与分析方法

植物样只在试验结束时采集一次，当试验结束时将各植物的根系小心的从土壤中取出，用清水洗净植物上的泥土，沥干后分别称量每个培养箱的生物量，并将茎叶（地上部分）与根（地下部分）分离，分别称量两部分的重量，得出各自占总生物量的比重，记录数据，并且分装到信封中带回实验室，放入105℃恒温烘箱中杀青半小时，然后在60℃下烘干至恒重，并记录数据。烘干后的植物粉碎，过0.25~0.5mm筛，干燥保存，待测。

植物的总氮采用H_2SO_4-H_2O_2（$HClO_4$）消化—蒸馏法测定，这种方法是利用植物样品在浓硫酸溶液中，历经了脱水碳化、氧化等一系列作用，而氧化剂H_2O_2在热浓H_2SO_4溶液中分解出的新生态氧（$H_2O_2 \rightarrow H_2O_2 + [O]$），该种物质具有强烈的氧化作用，从而分解硫酸中没有被破坏的有机物和碳，使有机氮、磷等转化为无机铵盐和磷酸盐等，进而得出植物中总氮的含量。

七、环境因素测定

在采集气体的同时用JM426M便携式表面测温仪测定每个培养箱中的空气温度和土壤温度。

在采集气体结束之后利用哈希公司生产的HQd系列便携式数字化分析仪对各培养箱内的水体pH值、溶解氧（DO）、氧化还原电位（Eh）这几个水质指标进行测定。

八、数据分析方法

所有数据均由均值±标准差表示，用Excel2013和SPSS19.0进行数据处理及作图。

为明确植物对不同氮浓度培养液的氮素吸收效率，本书使用总氮去除率[79]来对比不同处理的除氮效果，公式如下。

去除率（%）=（$C_0V_0 - C_iV_i$）/$C_0V_0 \times 100$

式中，C_0表示总氮的初始浓度（mg/L），V_0表示水的初始体积（L），C_i表示第i天时总氮的浓度（mg/L），V_i表示第i天时水的体积（L）。

第三章　氮浓度对氮素去除效果的影响

一、试验设计

沟渠是农业废水，农村生活污水等含氮污染物的流经场所，其中农业养殖废水是含氮相对较高的氮污染水体，其总氮含量甚至高达350mg/L，如此高的氮浓度废水已远远超出我国富营养化水体含氮浓度，因此，该试验针对不同氮浓度的废水在沟渠中的去除进行室内模拟，以探究沟渠湿地生态系统对较高浓度含氮水体的净化能力，及其中的净化去除规律。

（一）试验方案

水生植物在不同培养液浓度下氮素去除效果研究分为两轮试验进行，每轮试验取一种植物。第一轮供试植物为菖蒲，于2014年1月6日至2014年1月22日进行，为期17天；第二轮供试植物为水葫芦，于2014年3月4日至2014年4月9日进行，为期36天。试验的起始日均为加入培养液后一天，终止日为植物收获日。

(1) 待培养土经浸泡1周，除去杂质后，取长势相同的菖蒲、水葫芦用清水洗净，分别栽入12个培养箱中，每箱约0.5kg，记录下每箱植物具体重量，加自来水培养1周，使其适应环境，能够自然生长。

(2) 加水前，用软管和洗耳球采用虹吸的方法将培养箱内的自来水排出箱外，尽量去尽泥土表面残留水，并对每个培养箱进行原始底泥土样的采集。

(3) 设置4个处理，每个处理3个重复：分别为0mg/L、100mg/L、200mg/L、400mg/L浓度含N量（NH_4^+-N）的培养液（皆以硫酸铵控制氮浓度，其他营养成分根据Hoagland营养液用去离子水进行配制），4个处理依次命名为处理A、处理B、处理C、处理D，每个处理有3个重复，重复之间分散排放。此外，另设3个无植物对照处理无植物对照。

(4) 将配制好的培养液分别加入15个培养箱中，每箱加15L。受箱内泥土吸水及植物量的影响，加水后各箱水位会有差距，所以每箱划出加水后在箱外标记液面高度，画出水位线作为补水标线，在试验期内，每天傍晚用去离子水进行蒸发水量的补给。

(5) 样品采集周期：水样每隔2天采集一次，底泥样每隔5天采集一次，气样在试验开始前3天连续采集，之后隔2天采集一次，植物样在试验结束当天采集一次。

（二）测试项目

水样：铵态氮、硝态氮、亚硝态氮、总氮

植物样：总氮

底泥样：铵态氮、硝态氮、总氮

气样：N_2O

在采集水样的同时测量株高等植物生长指标和DO、pH值、Eh等水质指标。测试方法详见第二章。

二、结果分析

因本试验是将氮素施加在上覆水中，依据氮素的迁移转化规律，上覆水中的氮素主要受底泥的吸附作用、植物的吸收作用、微生物的硝化—反硝化作用和其他去除途径（氨挥发等）影响[80]。因此以下依照上覆水、底泥、植物、温室气体和辅助水质指标的顺序对所测试项的结果进行了具体的分析，最后列出了在本试验中各途径消耗施加氮量。

（一）水体氮素浓度的变化特征

1. 铵态氮

本试验培养液是在Hoagland营养液的基础上用硫酸铵调节氮浓度配制而成，初始上覆水中氮素的主要为铵态氮，硝态氮含量极少。因此，首先对上覆水中的铵态氮进行分析。

如图3-1和图3-2显示，菖蒲和水葫芦试验组上覆水中的铵态氮（$NH_4^+\text{-}N$）含量总体趋势是一致的，均随时间的推移而下降，且在前两天内下降速度非常快，这是由于底泥和上覆水中铵态氮的浓度差较大，增强了底泥的吸附作用。后期随着底泥和上覆水中铵态氮的浓度差减小，上覆水中的铵态氮下降速度减慢，逐渐趋于平稳。两试验组中不同氮浓度处理上覆水中的铵态氮去除效率强弱是有区别的，顺序均为：100mg/L含氮处理>200mg/L含氮处理>400mg/L含氮处理。在第16天菖蒲组试验结束时，100mg/L含氮处理、200mg/L含氮处理、400mg/L含氮处理中的铵态氮分别降到了0.303mg/L、16.467mg/L、50mg/L，去除率分别为99.7%、91.767%、87.5%。而水葫芦试验组在试验的第15天（即3月18日）时100mg/L含氮处理中的铵态氮基本净化完全，去除率达到99.7%，200mg/L含氮处理中的铵态氮的去除率也在第21天（即3月24日）达到99.8%，400mg/L含氮处理在第46天试验结束时去除率也达到了96.8%。从分析能看出，菖蒲和水葫芦试验组对上覆水中铵态氮去除能力都较强。

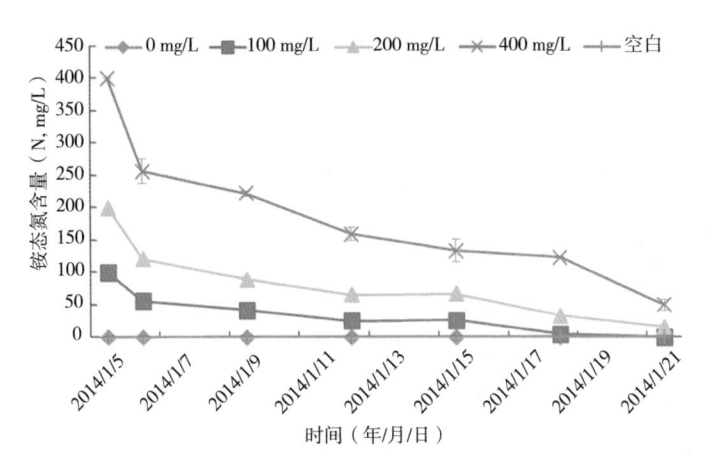

图3-1　菖蒲上覆水中铵态氮的含量变化

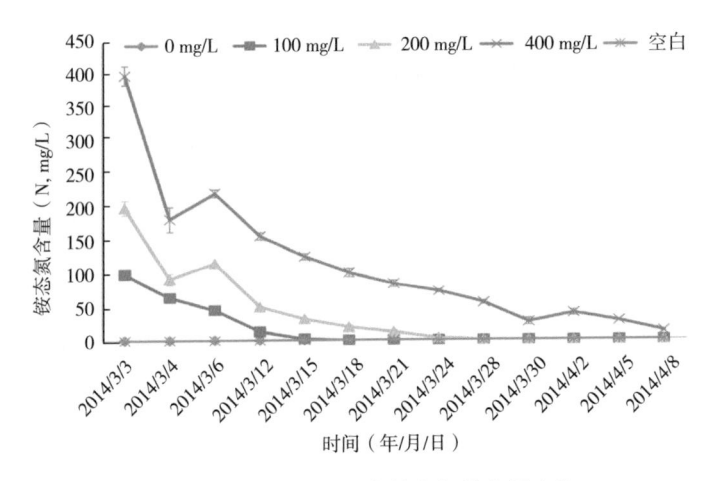

图3-2 水葫芦上覆水中铵态氮的含量变化

2. 硝态氮与亚硝态氮

从图3-3、图3-4、图3-5和图3-6可知菖蒲试验组在整个试验期17天内与水葫芦试验组前期15天内上覆水中硝态氮和亚硝态氮含量的变化趋势是一致的，均是随时间的推移而不断增长的，而一段时间后其含量又随着时间的推移而不断下降，浓度越高的处理上升持续的时间也越长。说明这是由于水体中氮素的硝化—反硝化作用造成的。在试验的前期上覆水中的NH_4^+-N含量很高，而NO_3^--N和NO_2^--N几乎没有，硝化作用占主导地位，硝化反应将水中的NH_4^+-N转化为NO_3^--N和NO_2^--N。其中，NO_3^--N的含量趋势转为下降的时间点滞后于NO_2^--N，说明了亚硝酸菌先将NH_4^+-N转换成NO_2^--N，后再由硝酸菌将NO_2^--N进一步氧化为NO_3^--N。而当铵态氮将要吸收完全时，NH_4^+-N含量很低，NO_3^--N和NO_2^--N的含量变化趋势转向下降，这时反硝化作用逐渐占主导地位，硝态氮或亚硝态氮被反硝化还原成N_2和N_2O逸出水体进入大气，水中NO_3^--N和NO_2^--N的含量随之降低[81]。

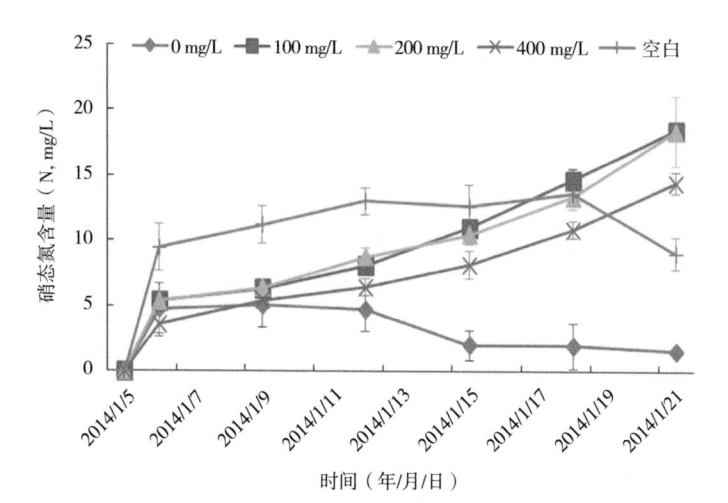

图3-3 菖蒲上覆水中硝态氮的含量变化

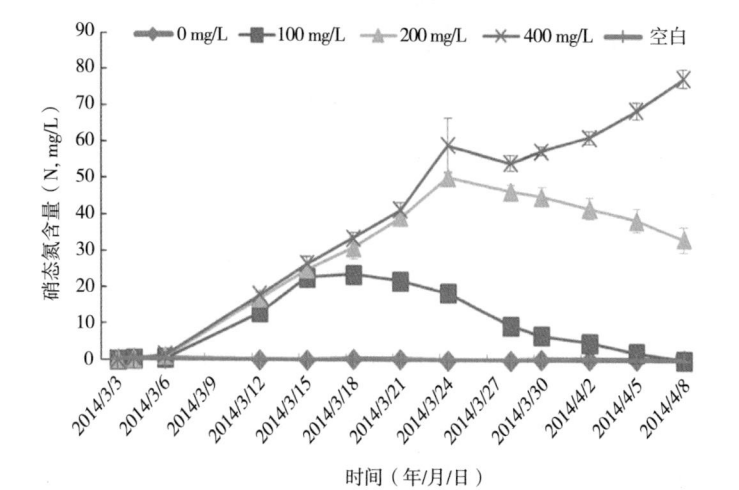

图3-4 水葫芦上覆水中硝态氮的含量变化

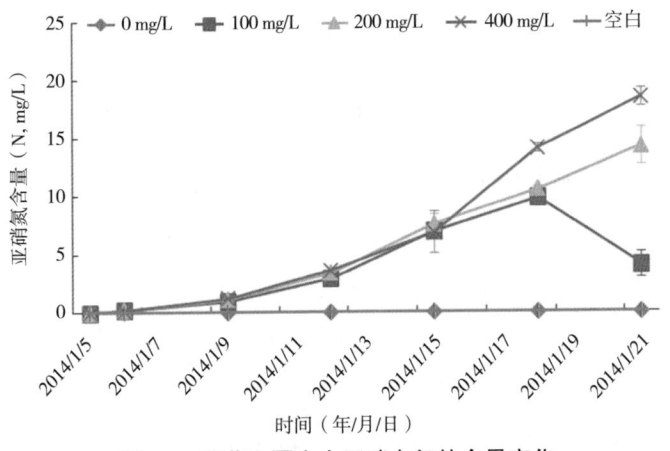

图3-5　菖蒲上覆水中亚硝态氮的含量变化

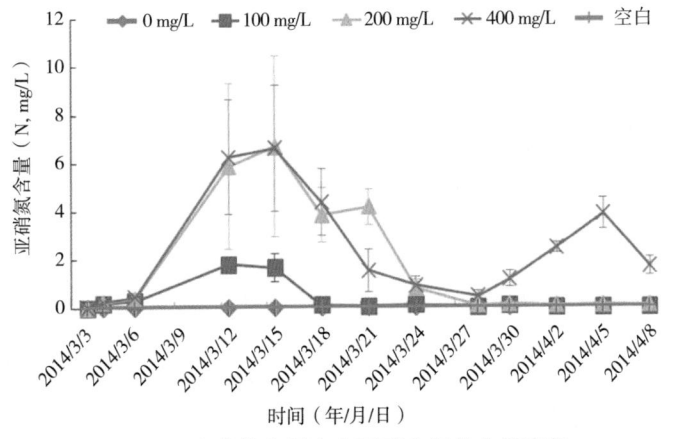

图3-6　水葫芦上覆水中亚硝态氮的含量变化

从以上分析可以看出，NH_4^+-N含量减少的量远大于NO_3^--N和NO_2^--N增加的量，这说明上覆水中氮素的去除除了水中的硝化—反硝化作用外，还有很大一部分归功于底泥土壤的吸附、氨挥发和植物的吸收等过程。

3. 总氮去除率

从图3-7和图3-8中可以看出，种植了菖蒲和水葫芦的各试验组对不同浓度含氮上覆水中的总氮（TN）均有较好的去除效果。在2014年1月5日至2014年1月21日历经17天的菖蒲试验组中，上覆水中TN的浓度从100mg/L、200mg/L、400mg/L分别降至25.257mg/L、44.166mg/L、84.7mg/L，去除率分别达到了74.733%、77.917%、78.825%。在2014年3月3日至2014年4月8日历经36天的水葫芦组试验中，上覆水中总氮的浓度从100mg/L、200mg/L、400mg/L分别降至0.807mg/L、35.267mg/L、106.2mg/L，去除率分别达到了99.193%、82.367%、73.45%。由此可见，两种植物对不同浓度含氮溶液均有很强的净化能力。

从图3-7可以看到，菖蒲试验组对3种不同浓度含氮上覆水的去除效率均随时间的推移而增加，不具有明显差异性，100mg/L处理和200mg/L处理的总氮去除率走势几乎重合，其去除率总体上略高于400mg/L处理去除率。图表也显示出各处理均在第1天净化速率最高，一天的去除率达到30%左右，这可能是因为刚加入含氮上覆水，土壤的吸附作用较大，并且原本在低浓度含氮培养液中的植物受到了高浓度氮培养液的刺激，促使植物对氮素的吸收速率加快，以适应新的环境水体。

而从图3-8显示的结果看来，水葫芦试验组与菖蒲一样对上覆水中TN的去除率总体与时间有正相关性，并且去除率升高的速度先快后慢。其中，200mg/L氮浓度处理和400mg/L氮浓度处理去除率在第1天显著上升至52%后又回落至40%左右，可能是由于试验初始时水葫芦体内相对于水中营养物质处于贫营养状态，受高浓度氮素的刺激，会大量吸收氮素，造成水葫芦对水体中氮素吸收速率加快，后又因吸收氮素过多，植物体内氮素浓度过高，出现氮素中毒现象，致使部分叶片枯萎腐烂，使叶片中的氮素又重新释放到上覆水体中，而造成上覆水体TN含量回升现象。另外，由图3-8可知，整体上水葫芦试验组对上覆水中TN的去除效率依次为：100mg/L含氮处理（99%）>200mg/L含氮处理（82%）>400mg/L含氮处理（73.5%），上覆水的TN浓度越高，去除率越差。结合图3-7和图3-8来看，水葫芦试验组在第17天（即2014年3月19日），除100mg/L含氮处理与菖蒲试验组去除率差不多外，其他两个浓度处理去除能力均逊色于菖蒲，特别是400mg/L浓度处理。所以，由此看来水葫芦对水中氮素浓度比菖蒲更为敏感。虽然浓度越高去除率越低，但是浓度越高TN降幅越大，去除氮素总量越多，因此，运用水葫芦处理高浓度氮废水效果还是非常好的。

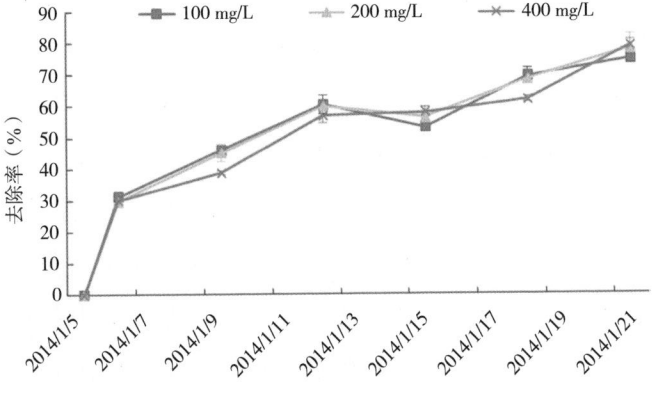

图3-7 菖蒲上覆水中TN的累积去除率

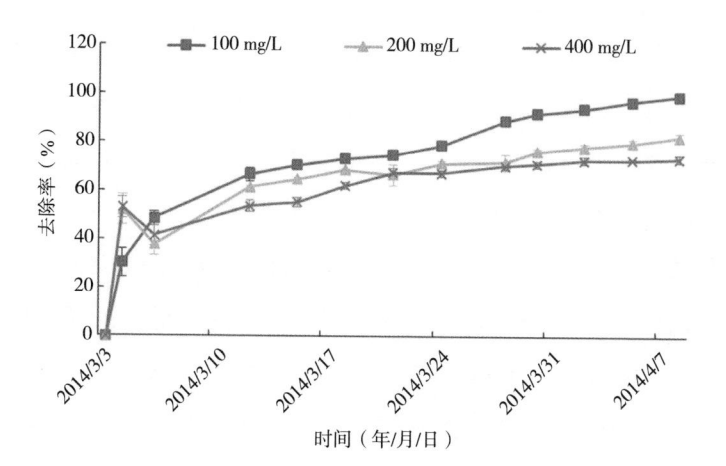

图3-8 水葫芦上覆水中TN的累积去除率

（二）底泥氮素浓度变化特征

1. 铵态氮

从图3-9和图3-10中可见，菖蒲试验组与水葫芦试验组底泥中的铵态氮含量变化均呈先升高后降低的趋势，且升高速率快，特别是在前6天内。菖蒲试验组中100mg/L含氮处理和200mg/L含氮处理在第13天达到最高值，400mg/L含氮处理在试验结束时铵态氮含量还呈上升趋势。水葫芦试验组中100mg/L含氮处理、200mg/L含氮处理和400mg/L含氮处理的铵态氮分别在第7天、第10天、第13天左右达到最高值，此时各处理土壤吸附的氨氮含量约为78mg/kg、130mg/kg、240mg/kg（底泥吸附含量–底泥现时氨氮含量–底泥初始氨氮含量），吸附氨氮总量占施氮总量的78%、65%、60%，由此可见在处理前期，对于水中氮素去除，土壤的吸附作用贡献最大，且在整个培养期间添加培养液氮含量越高的处理底泥中铵态氮的含量也越高。在后期阶段主要是植物的吸收和微生物的作用致使底泥中的铵态氮含量下降，但下降的速率明显没有升高时的速率快，且施加氮量越高，下降越慢。

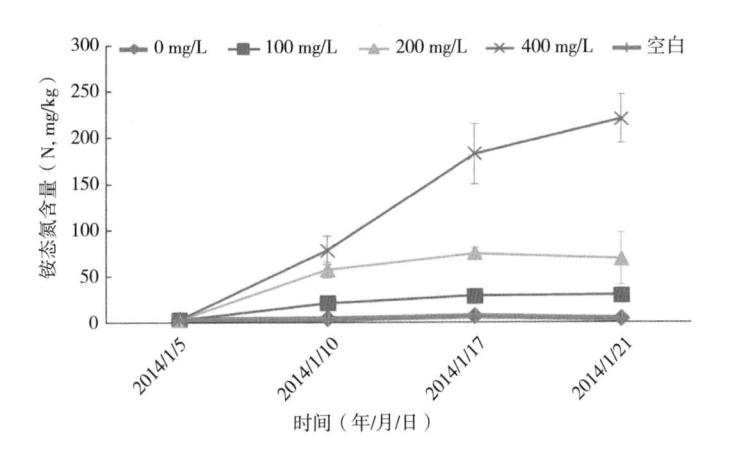

图3-9　菖蒲底泥中铵态氮的含量变化

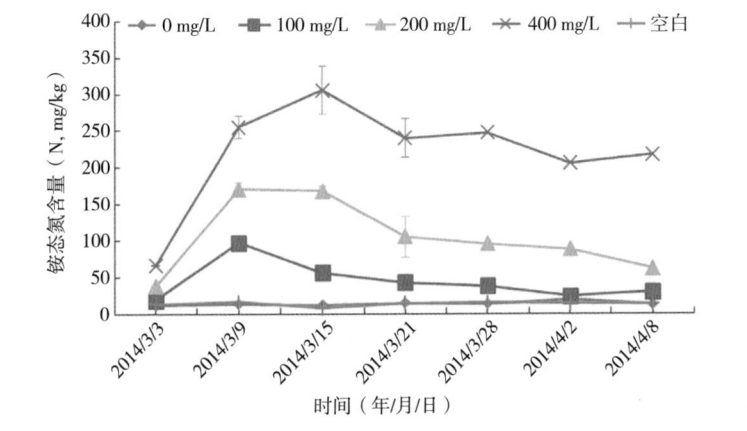

图3-10　水葫芦底泥中铵态氮的含量变化

2. 硝态氮

而从图3-11和图3-12中看来，两试验组的硝态氮的浓度含量变化趋势并不相同，且图3-11中菖蒲底泥硝态氮含量变化无明显规律性，可能是因为硝态氮不稳定，在检测品时的操作误差造成的，但从图3-12水葫芦试验结果中基本上能看出规律，显示为初始缓慢上升，后上升趋势加快，总体上升趋势滞后于铵态氮的上升，且同一时间也是呈现出添加氮含量越高的处理硝态氮浓度含量越高，这符合铵态氮发生硝化反应生成硝态氮的原理。

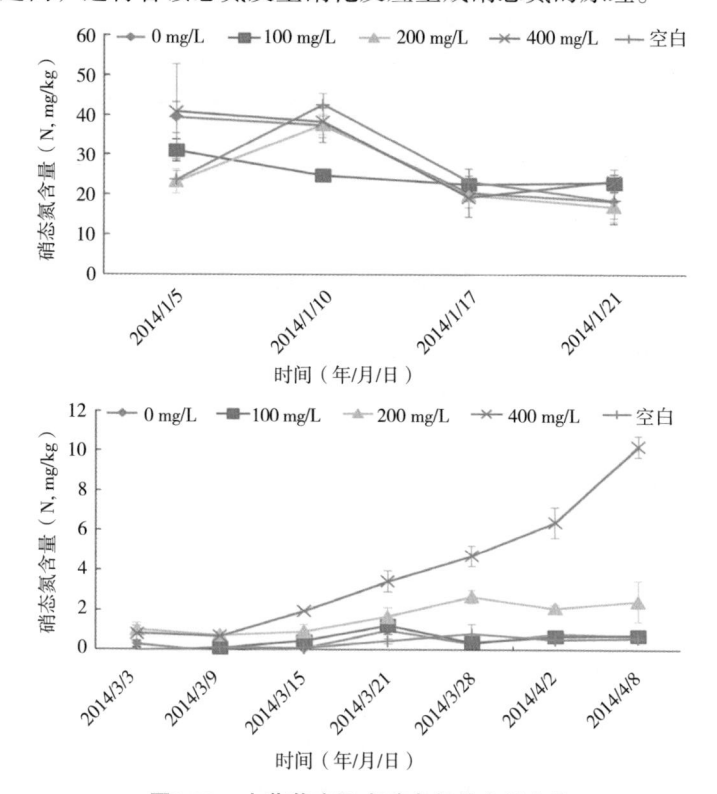

图3-12　水葫芦底泥中硝态氮的含量变化

（三）植物生长状况

试验过程中，菖蒲和水葫芦在不同浓度氮营养条件下均有较高的存活率，但是在初始时，高浓度处理中菖蒲出现少部分叶片发黄干枯的现象，而水葫芦在高浓度处理中则表现出接触水面的叶片枯萎腐烂的现象。表3-1和表3-2分别为菖蒲试验组和水葫芦试验组各处理的植物生物量状况表。

表3-1　菖蒲试验组生物量状况

处理	初始总鲜重（g）	结束总鲜重（g）	鲜重增长率（%）	地上部分		地下部分	
				鲜重（g）	干重（g）	鲜重（g）	干重（g）
A	498.3 ± 4.4	648.0 ± 19.1	30.0 ± 3.8	77.2 ± 8.4	9.8 ± 1.6	65.2 ± 14.6	11.1 ± 3.1
B	504.6 ± 2.0	669.0 ± 21.7	32.6 ± 3.8	77.2 ± 4.5	9.1 ± 0.5	68.4 ± 7.0	11.0 ± 1.0
C	502.3 ± 2.7	628.0 ± 5.0	25.0 ± 1.5	71.8 ± 7.1	8.9 ± 1.4	58.7 ± 8.7	9.1 ± 1.8
D	503.0 ± 2.0	579.5 ± 6.5	15.7 ± 1.0	64.6 ± 8.8	7.3 ± 0.7	57.6 ± 4.8	8.0 ± 1.5

注：数据为平均值±标准差，A、B、C、D分别代表0mg/L、100mg/L、200mg/L、400mg/L处理，下表同

从表3-1可知菖蒲试验组不同氮浓度处理16天里生物量增长率为15.67%~30.04%，其中100mg/L含氮处理（B）的生物量增长得最多，之后随着浓度的增加，生物量的增长率呈下降趋势，且200mg/L含氮处理（C）和400mg/L含氮处理（D）的生物量增长率低于0mg/L含氮处理（A）。这说明了水生植物的生存发展的状况与污水中的氮营养盐浓度密切相关，在一定的范围内，氮浓

度的增长会提高水生植物的生长速度，但当营养盐浓度超过了这个范围时，植物的生长就会受到限制[82]。

表3-2　水葫芦试验组生物量状况

处理	初始总鲜重（g）	结束总鲜重（g）	鲜重增长率（%）	地上部分		地下部分	
				鲜重（g）	干重（g）	鲜重（g）	干重（g）
A	255.3 ± 1.0	409.0 ± 40.5	60.0 ± 15.1	88.5 ± 4.9	4.9 ± 0.1	56.7 ± 3.8	5.1 ± 0.9
B	256.0 ± 1.5	487.3 ± 38.9	90.4 ± 15.3	96.1 ± 18.4	5.8 ± 1.4	92.3 ± 23.0	8.4 ± 1.8
C	255.0 ± 1.5	508.5 ± 36.5	99.2 ± 16.2	90.1 ± 16.3	5.4 ± 0.6	54.4 ± 3.8	4.8 ± 0.3
D	255.0 ± 1.0	475.3 ± 43.3	86.4 ± 16.8	77.2 ± 10.8	5.4 ± 0.8	59.7 ± 7.4	4.5 ± 0.7

注：A、B、C、D分别代表0mg/L、100mg/L、200mg/L、400mg/L处理

表3-2显示水葫芦试验组不同氮浓度处理46天内生物量增长率为60.04%~99.18%，其中200mg/L含氮处理（C）的生物量增长得最多，4个不同氮浓度处理的生物量增长率大小依次为：200mg/L含氮处理（C）>100mg/L含氮处理（B）>400mg/L含氮处理（D）>0mg/L含氮处理（A）。与菖蒲试验组不同，数据显示不同氮浓度处理均对植物的生长产生了促进作用，这也许是因为水葫芦试验组试验周期比菖蒲试验组长，在试验的后期较低浓度的处理上覆水中的氮素去除得差不多了，植物生长速率降低，而较高浓度的处理上覆水中的氮素含量降低到适宜植物生长的浓度范围内，从而使生物量增长速率加快，从而显示出高浓度氮对植物生长呈促进作用。同时，表3-2同样显示超出一定的氮浓度

范围，对植物生长的促进作用随氮浓度的增加而减小进而产生抑制植物生长的作用，这于菖蒲试验组的结果是一致的。

如图3-13可以看到菖蒲试验组植株中地上部分的TN含量和地下部分的TN含量在氮浓度不高于200mg/L含氮处理时TN含量随着

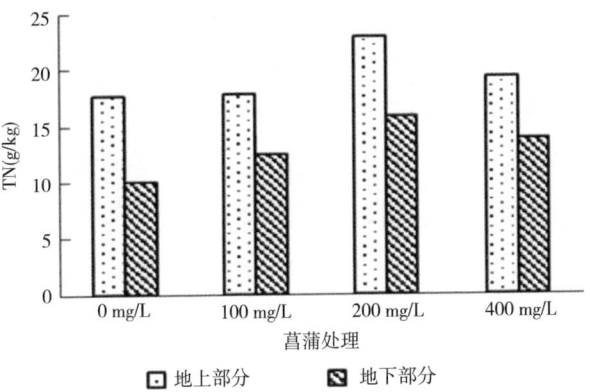

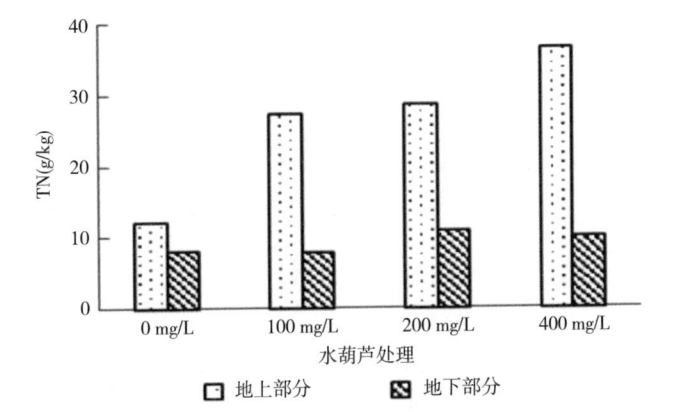

图3-13　菖蒲和水葫芦收获时植株中的TN含量

氮浓度的增加均基本呈现上升趋势，而培养液氮浓度达到400mg/L时，菖蒲各部位的TN含量均下降。而水葫芦试验组各处理植株中地上部分的TN含量随氮浓度的增加呈现上升趋势，各处理地下部分的TN含量差异不显著。图3-13也反映出菖蒲和水葫芦这两种植物地下部分的TN含量均显著低于地上部分的TN含量。

通过分析供试植物生物量增长情况和根茎叶中全氮含量，可知所选植物生物量增长迅速，组织内的氮含量也较高，因此采取定时收获植物的方法，既能最大限度地将植物吸收转化的营养盐从水中转移出来，防止植物衰败后对水体的二次污染，又能保持植物再生能力和生存空间，促进植物快速生长繁殖。

（四）N_2O排放规律特征

1. N_2O通量变化

沟渠湿地脱氮的一个重要途径是通过底泥中发生的硝化—反硝化作用，最终使沟渠中的氮素以氧化亚氮和氮气的形式排放[83]，其反应的具体过程为：

硝化反应　$NH_4^+—NH_2OH—NOH—NO_2^-—NO_3^-—N_2O—N_2$

反硝化作用　$NO_3^-—NO_2^-—NO—N_2O—N_2$

图3-14是菖蒲试验组N_2O排放通量的变化趋势图。菖蒲试验组试验周期共16天，如图3-14所示，菖蒲各含氮处理的N_2O排放通量在前10天内均是上升趋势。其中，第1天N_2O排放通量比较高是由于底泥中初始的硝态氮含量较高，试验开始前1天加入培养液使底泥处于厌氧环境中，促进了反硝化作用。从第10天

开始100mg/L含氮处理开始出现下降趋势，200mg/L含氮处理和400mg/L含氮处理依然保持上升趋势。

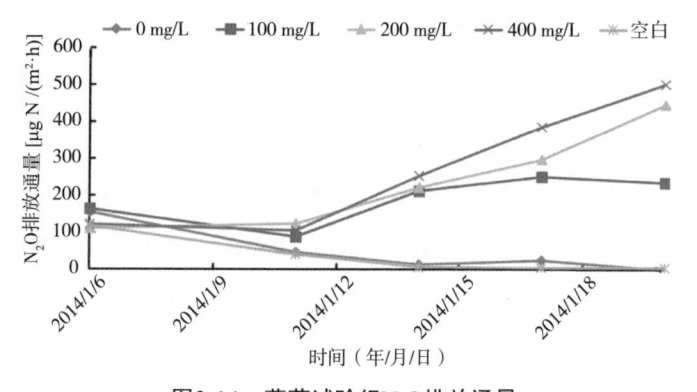

图3-14　菖蒲试验组N$_2$O排放通量

图3-15是水葫芦试验组N$_2$O排放通量的变化趋势图。水葫芦试验组试验周期为期36天，从图3-15可以发现水葫芦试验组N$_2$O的排放通量在前12天内与菖蒲试验组整个周期的趋势是一致的，在第10天左右100mg/L含氮处理的N$_2$O排放通量一直持续增长，到第15天左右才达到顶峰，达到峰顶后100mg/L含氮处理和200mg/L含氮处理的N$_2$O排放通量均一直保持下降趋势，最后稳定在0μg N/（m^2·h）附近，而400mg/L含氮处理的N$_2$O排放通量在达顶峰下降之后又有回升，在培养结束时，其他处理都排放完的情况下该处理还未结束排放，并有出现另一个小高峰的趋势。

在土壤中，N$_2$O主要是由以NH$_4^+$-N为底物的生物硝化过程和以NO$_3^-$-N为底物的反硝化过程产生，因此铵态氮和硝态氮在底泥中的含量是影响N$_2$O排放的重要因素。结合图3-9至图3-12中底泥铵态氮和硝态氮的含量变化趋势可以发现N_2O的释放峰值时间基本紧随在铵态氮的含量最高点出现时间之后，说明随着土壤中铵态氮的累积，N_2O的排放迅速增加。而400mg/L含氮处理之所以出现第二个小高峰，是因为试验初期N_2O的产生主要是由以铵态氮为底物的硝化反应过程产生的，而后土壤中的铵态氮在不断减少，但是由铵态氮硝化反应后生成的硝态氮含量的不断上升，反硝化作用开始加强导致N_2O的通量又出现回升的现象。同时，N_2O的排放通量随着施氮量的增加而增加，水葫芦试验组100mg/L、200mg/L、400mg/L含氮处理的最大N_2O排放通量分别为379μg N/（$m^2 \cdot h$）、1 183μg N/（$m^2 \cdot h$）、1 361μg N/（$m^2 \cdot h$）。施氮处理的N_2O的排放通量均显著高于未施氮处理，未施氮处理下，不管是否有植物，N_2O的排放通量都比较小，基本趋近于0μg N/（$m^2 \cdot h$），这说明了施用氮肥提高土壤铵态氮和硝态氮含量是土壤中产生N_2O的最主要的原因，与前人试验结果一致[84, 85]。

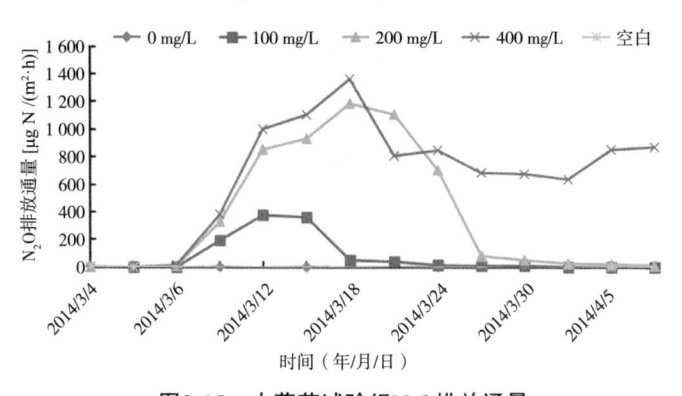

图3-15　水葫芦试验组N_2O排放通量

2. N₂O排放总量

没有进行观测的日期的排放通量用相邻两次观测值使用内插法来计算得出，将试验期间所有日期的观测值或计算值逐日累加得到氧化亚氮（N₂O）排放总量。

如图3-16和图3-17所示，在淹水状态下，不同处理的N₂O的排放总量与N₂O排放通量变化相对应，随着施加氮素水平的提高，N₂O的排放总量也随之增长。从图3-17可发现，水葫芦试验组中100mg/L含氮处理和200mg/L含氮处理的N₂O排放总量经匀速增长后逐渐趋于平稳，最后分别稳定在0.779mg N/hm²和3.823mg N/hm²，之间相差了近4倍，说明土壤中铵态氮含量的增加促进了N₂O的生成。

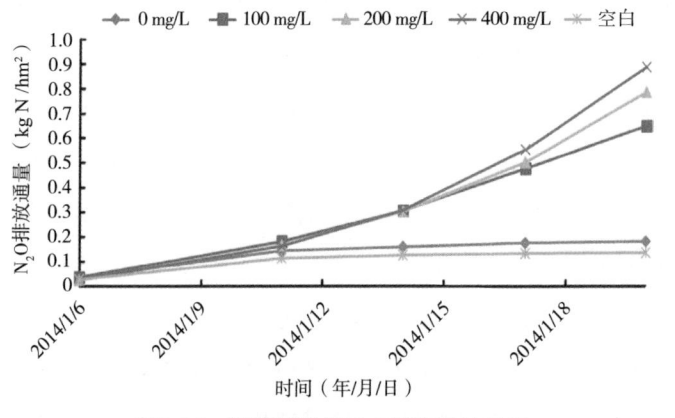

图3-16 菖蒲试验组N₂O累积排放总量

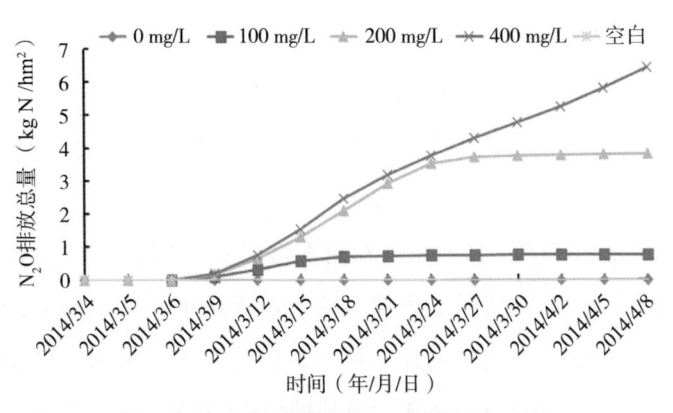

图3-17　水葫芦试验组N₂O累积排放总量

（五）辅助水质指标pH值、溶解氧、氧化还原电位变化分析

1．pH值的变化

pH值，也被称氢离子浓度指数、酸碱度，是溶液中氢离子活度的一种标度。pH值是湿地中重要的环境因子之一，pH值对水生植物吸收氮磷营养物质效果的影响是以影响微生物的生存发展来实现的，在水体呈中性或偏碱性情况下，硝化细菌活性高[86]，其中最适宜的pH值是7.3~8，当pH值超越这一最佳范围时，硝化速率将降低[87]。

如图3-18和图3-19显示，菖蒲试验组和水葫芦试验组处理中有植物的处理的pH值要显著低于无植物的对照处理，且有植物的处理pH值的变化波动较无植物的对照处理更平稳，这说明了植物的存在对可以有效缓冲上覆水中的pH值，这与Kyambadde等的研究结果一致[88]。植物的加入会在一定程度上降低水体的pH值，这主要是因为植物体自身的呼吸作用产生了CO_2；植物残体的腐败过程中有机质中的碳最终氧化降解也产生CO_2；也有研究表明植物根系可向水中释放有机酸[89]；另外，还有一个重要的原因是植物吸收铵态氮时NH_4^+与H^+产生交换，Mengel等[90]研究发现，水稻幼苗的根系对NH_4^+的吸收量与H^+的释放量几乎相等。

　　菖蒲和水葫芦的存在使pH值的变化更趋向于稳定，是水体良好的酸碱度稳定剂。两种植物分别看来，菖蒲在加入不同氮浓度培养液的处理中对pH值的影响差异不明显，但水葫芦在不同氮浓度培养液条件下对降低pH值的效果是有明显差异的，表现为氮浓度越高的处理pH值下降得越多。这可能主要是因为不同浓度的铵态氮培养液对于植物吸收铵态氮的速率影响不大，前期植物在不同处理中吸收的NH_4^+量差不多，而菖蒲的试验周期较短，所以不同浓度处理pH值相差不大，但能看出未加氮素的处理与加氮素处理的差别。而后期较低浓度处理的氮素被去除得快，而较高浓度处理中的氮素还较多，所以后期较高浓度处理中的植物吸收的铵态氮总体要比较低浓度处理中的植物吸收得多，所以水葫芦的pH值呈现前期不同处理pH值相差不大，而后期呈现较大的差异，pH值大小表现为浓度越高的处理pH值越低。

　　2. DO的变化

　　溶解氧（Dissolved Oxygen），通常写作DO，是指空气中溶解在水体中的分子态氧。溶解氧的含量与空气中氧的分压、水的温度都有密切关系，是衡量水体自净能力的一个指标。

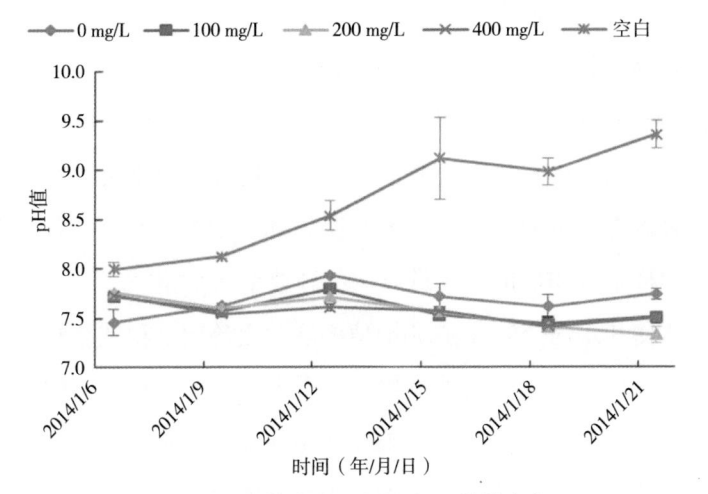

图3-18　菖蒲试验组上覆水pH值的变化

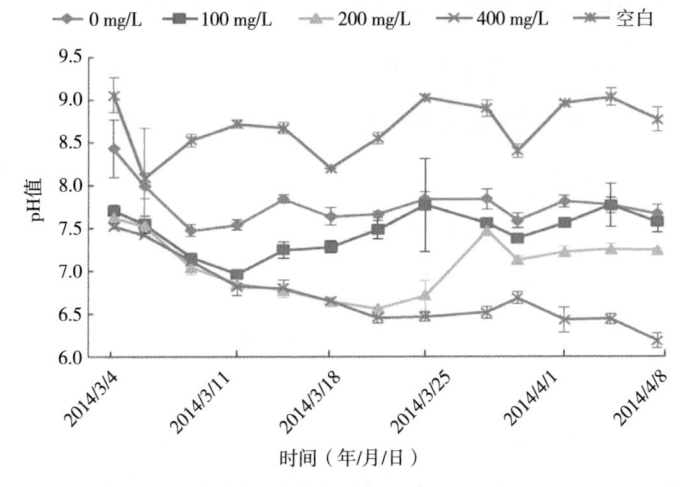

图3-19　水葫芦不同浓度处理上覆水pH值的变化

从图3-20和图3-21可以看出，有植物的处理的含氧量基本上低于无植物的对照处理，这可能有几个方面的原因：①挺水植物菖蒲和浮水植物水葫芦水下部分组织的自身呼吸作用消耗了氧；②由于植物种植密度大，覆盖在水面上阻断了大气向水体的复氧，且水葫芦与水体连接得更加紧密，从图3-20和图3-21可以看出其对水中溶解氧的影响更加明显；③植物的残体腐败分解要消耗掉水体中一部分溶解氧。DO的降低有利于水体底泥中氮素向水体中释放[91]，且当DO过低时，将不利于其他水生生物生存，造成水生生态系统的破坏，因此在生态沟渠处理中要注意合理的管理沟渠中的水生植物，定期的收获植物，减少植物一定量的水面覆盖面积，增强大气对水体的复氧作用，增加水体中的光能，促进水体中的初级生产者的光合作用放氧[92]，提高水体的溶解氧，并且也防止了植物残体的腐败分解给水体带来的二次污染。

菖蒲试验DO变化通过图3-20可以看出，加入了不同浓度氮素培养液的处理在初始时的DO没有显著性差异，而在1月18日100mg/L含氮处理开始与200mg/L、400mg/L含氮处理的DO值呈现显著性差异，而200mg/L和400mg/L含氮处理的DO值差异仍然不明显，结合图3-1中上覆水铵态氮的含量变化趋势可以发现1月18日100mg/L含氮处理中的铵态氮含量已降至低水平，大概为4.5mg/L，但200mg/L和400mg/L含氮处理的铵态氮含量依旧很高。再看图3-21也能发现在水葫芦试验组中，加入了不同浓度氮素培养液的处理同样在初始时的DO没有显著性差异，从3月15日开始，100mg/L含氮处理与200mg/L、400mg/L含氮处理的DO值

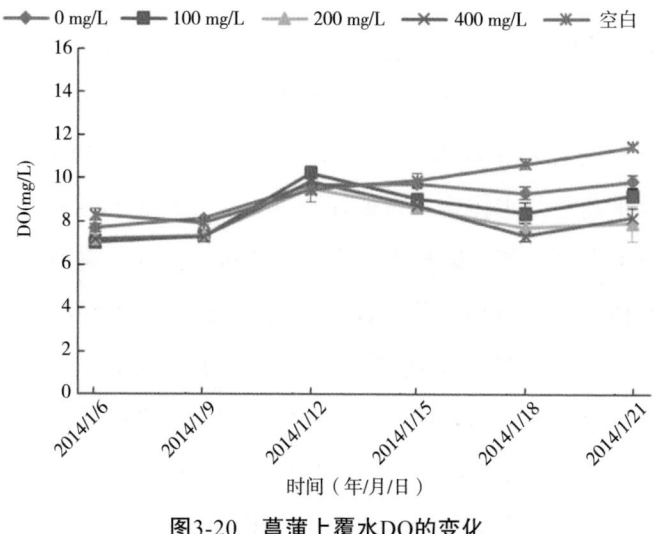

图3-20　菖蒲上覆水DO的变化

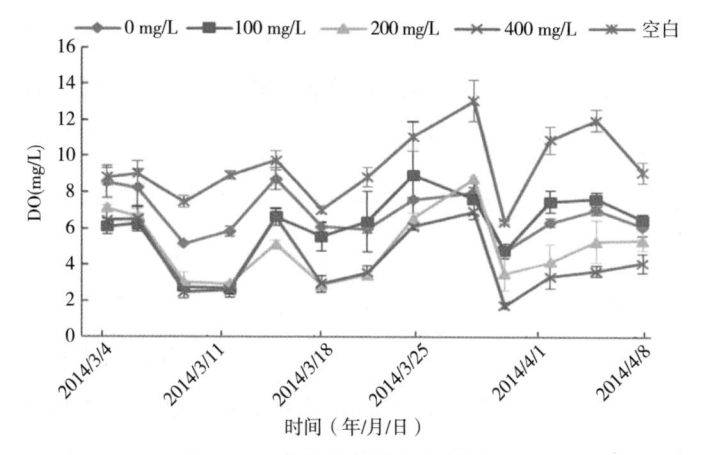

图3-21　水葫芦上覆水DO的变化

差异性逐渐显著，此时100mg/L含氮处理的铵态氮含量约为2.33mg/L，之后其DO值趋向于0mg/L含氮处理的DO值；同样200mg/L含氮处理与400mg/L含氮处理前期DO几乎重合，但从3月25日开始DO值的差异性逐渐显著，此时200mg/L含氮处理的氨氮含量为2.83mg/L左右。因此，我们可以得到结论：在水体氨氮浓度含量高出特定范围时，含高浓度氨氮的水体的DO值会受到其影响而比低浓度含氮水的DO值低。

3. Eh的变化

氧化还原电位（Oxidation-Reduction Potential），通常简写为Eh，是水质的一个重要指标，尽管它不能独立反映水环境质量，可是它可以结合其他水质指标来衡量生态环境质量。所谓的氧化还原电位就是用来反映水环境中宏观的氧化—还原性，随着氧化还原电位的升高，氧化性渐渐增强，还原性降低，而随着电位的降低，氧化性减弱，还原性增强。

从图3-22和图3-23可知，菖蒲和水葫芦试验组中有植物的处理氧化还原电位的范围分别为227~305mV和185~306mV，无植物对照处理无植物处理的氧化还原电位的范围分别为185~260mV和157~246mV。整体上看有植物处理的氧化还原电位均要高于无植物的无植物对照处理，说明植物能促进上覆水中的硝化反应。Inamoria等[93]的试验结果显示人工湿地系统中的水生植物可以将Eh由－300~－200mV（无植物人工湿地系统）增加到0~100mV，释放出了更多的N_2O气体。

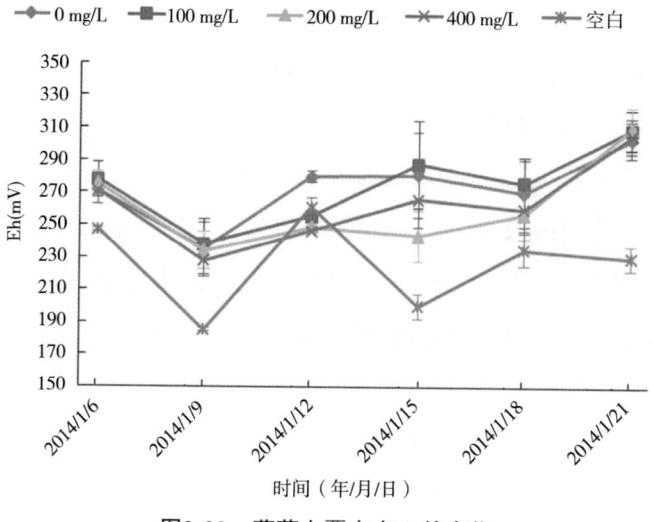

图3-22　菖蒲上覆水中Eh的变化

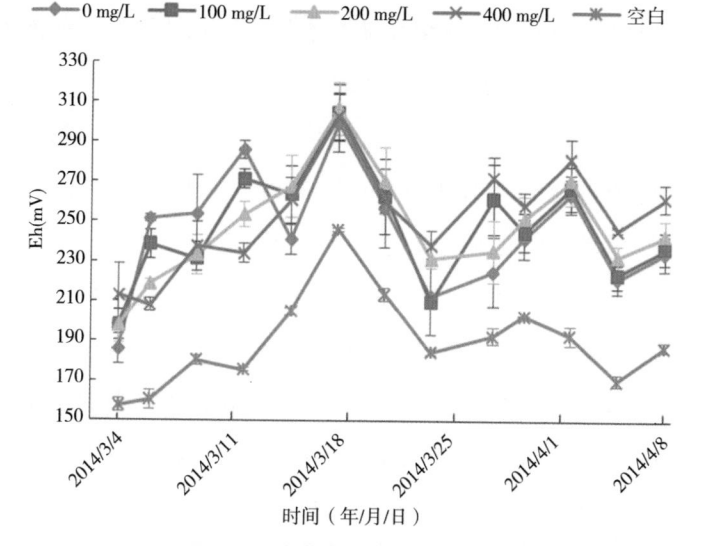

图3-23　水葫芦上覆水Eh的变化

（六）氮素去除途径的贡献比较

表3-3列出了菖蒲、水葫芦试验结束时各氮素去除途径的最终去除量占投加氮素的比重，从表中可以看到菖蒲试验组底泥吸附氮量在投入氮量中占比较大，为41.49%~60.24%，而水葫芦试验组因为试验周期较长底泥吸附氮量占比较少，为12%~40.21%。底泥吸附主要是对上覆水中的氮素起到截留的作用，而要达到彻底的去除沟渠中的氮素主要是通过植物的吸收、N_2O与N_2的排放、氨气的挥发等。表3-3体现出试验中氮素去除的主要途径为植物吸收和其他去除途径（包括氨挥发、N_2排放等）。其中，菖蒲和水葫芦试验组中其他去除途径去除氮量占投入氮量比例最多的处理均为200mg/L氮浓度处理，分别为30.81%和66.43%。植物吸收氮量在投入氮量中占比均随着水体浓度的递增而减小，菖蒲在各浓度处理中对氮素的吸收能力均比水葫芦强。而N_2O的排放总量并不大，占施氮量的比例非常低，只有0.24%~2.11%。这与一些研究中得出的人工湿地系统N_2O的排放量很低的结果[94-96]是相符的，可能是因为长期淹水状态不利于硝化作用，而使铵态氮转化为硝态氮的速率下降。但现如今的研究对人工湿地系统氧化亚氮的排放量尚未达到共识，另外有一些研究结果正好相反，显示人工湿地系统氧化亚氮释放量非常高，最高值可达1 000mg /（$m^2 \cdot d$）[97]。

表3-3　氮素去除途径最终去除比重

植　物	处　　理	总施氮量（g）	水中剩余总氮量（%）	底泥吸附总氮量（%）	植物吸收总氮量（%）	N_2O排放总氮量（%）	其他去除途径（%）
菖　蒲	100mg/L含氮处理	1.5	1.69	49.50	34.68	0.72	13.41
菖　蒲	200mg/L含氮处理	3.0	1.47	41.49	25.79	0.43	30.81
菖　蒲	400mg/L含氮处理	6.0	1.41	60.24	9.42	0.25	28.69
水葫芦	100mg/L含氮处理	1.5	0.05	12.00	27.96	0.86	59.13
水葫芦	200mg/L含氮处理	3.0	1.18	13.10	17.18	2.11	66.43
水葫芦	400mg/L含氮处理	6.0	1.77	40.21	10.48	1.78	45.75

三、小　结

通过对菖蒲和水葫芦在不同浓度氮素培养液中对氮素的去除效果研究，结论如下。

(1) 底泥对上覆水中氮素的截留作用是水体中氮素去除最重要的途径，其增加了氮素的停留时间，为通过植物吸收、N_2O、N_2排放和氨挥发等途径从系统中彻底去除氮素提供了更多的时间。

(2) 菖蒲和水葫芦在各处理中均能够生长良好，这表明菖蒲和水葫芦能够适应上述不同浓度的铵态氮营养处理，耐氮性非常好，对营养液氮浓度适应范围广，是良好的富营养化水体修复植物。植物吸收是水中氮素去除的重要途径，在此试验中，植物的对氮素吸收量占施氮量的10%~35%，但随着氮素的浓度升高，植物对总氮去除效率越来越低。

(3) 试验中体现出N_2O的排放对水中氮素去除的贡献较小，但随着施氮量的增加，N_2O排放总量也增加。而氨挥发的作用很大，可能是施加的氮源为硫酸铵的原因，需设置添加硝态氮为氮源的试验作为补充对比。

(4) 植物的存在能降低和稳定水中的pH值，更利于植物的生长，促进植物对氮素的吸收，加快硝化作用的速率，从而提高水中氮素的去除。植物的加入升高Eh值，促进了N_2O的生成，加速氮素的去除。但该两种挺水植物降低了水体中的DO，且自身生物量增长迅速，植物体内氮含量高，因此为了使水的DO保持在正常水平，增加植物的生长空间，促进植物的生长，且防止植物腐败降解给水体带来二次污染，应定期及时收获植物。

第四章　长期淹水对氮素去除效果的影响

一、试验设计

农田沟渠中的水源一般为农田中氮肥流失和农村生活污水，经调研，平常一般情况下沟渠中水体最高氮浓度为30mg/L左右，且水位不高，而沟渠中植物种类繁多，因此，该试验设立不同植物在长期淹水状态下对沟渠中较低浓度含氮水体氮素去除的室内模拟，以探究沟渠湿地生态系统中不同植物对含氮水体的净化能力，及其中的净化去除规律。

（一）试验方案

水生植物在长期淹水状态下的氮素去除效果研究试验中供试植物有4种，分别为狐尾藻、千屈菜、菖蒲、水葫芦，试验于2014年9月10日至2014年10月11日进行，为期32天。试验的起始日均为加入培养液后一天，终止日均为植物收获日。

（1）待培养土经浸泡1周，除去杂质后，取长势相同的狐尾藻、千屈菜、菖蒲、水葫芦用清水洗净，分别栽入培养箱中，每种植物作为一个处理，每个处理有3各重复，每箱约40g，记录下每箱植物具体重量，加自来水培养1周，使其适应环境，能够自然生长。另还设置一个无植物对照处理，一共5个处理，15个培养箱。

(2) 加水前，用软管和洗耳球采用虹吸的方法将培养箱内的自来水排出箱外，尽量去尽泥土表面残留水。并对每个培养箱进行原始底泥土样的采集。

(3) 此次试验设置的培养液含氮浓度为35mg/L，将配制好的培养液分别加入15个培养箱中，每箱加3L。因原有泥土吸水影响较大，且植物量有差异，或特制培养箱规格制作的误差，导致加水后各箱水位会有差距，所以每箱加水后在箱外标记液面高度，画出水位线作为补水标线，在试验期内，每天傍晚用去离子水进行蒸发水量的补给。

(4) 样品采集周期：气样在试验开始前3天连续采集，之后隔2天采集一次，水样、底泥样每隔2天采集一次（与气体采样时间重叠），植物样在试验结束当天采集一次。

（二）测试项目

水样：铵态氮、硝态氮、总氮

植物样：总氮

底泥样：铵态氮、硝态氮、总氮

气样：N_2O

在采集水样的同时测量DO、pH值、Eh等水质指标。方法详见第二章。

二、结果分析

（一）水体氮素含量的变化特征

1. 铵态氮

图4-1反映了不同植物处理上覆水中铵态氮的变化趋势，其中的小图是对试验期内9月13日至10月10日铵态氮含量的放大图。图中显示各处理组与无植物对照处理组之间差异并不明显，均在前期呈现急剧下降的趋势，去除速率非常快，在短短4天内，各处理上覆水中的铵态氮含量就已降至0.2mg/L，这可能主要跟底泥的吸附作用有关。之后上覆水中的铵态氮含量趋于平稳，在0.05~0.25波动。虽然不同植物处理整体上对上覆水中铵态氮的去除影响差异不大，但是可以从小图中发现在土壤吸附作用减弱，铵态氮含量基本稳定后，各处理之间还是有差异的。总体上可以看出狐尾藻、水葫芦和菖蒲处理的氮去除率略高于无植物对照处理，而千屈菜前期略逊色于无植物对照处理无植物处理，可能是因为前期千屈菜还未适应环境，有部分植株死亡的现象。

2. 硝态氮

图4-2是不同植物处理上覆水中硝态氮的变化趋势图，所有处理的硝态氮的趋势相似，均为先急剧上升，在第2天（9月10日）就达到了最高点，然后又快速下降，最后趋于平稳，趋势与图4-1中铵态氮的含量变化相符，因此最初这一天中硝态氮含量的急速上升是水体中硝化作用的结果。在9月10日不同植物处理

中的硝态氮含量有显著的差异，从高到低的顺序依次为：狐尾藻（0.939mg/L）>水葫芦（0.768mg/L）>菖蒲（0.581mg/L）>千屈菜（0.33mg/L），且狐尾藻、水葫芦、菖蒲处理中硝态氮的含量均高于无植物对照处理，而千屈菜低于无植物对照处理。这说明在该试验中狐尾藻对硝化作用的促进能力最强，水葫芦次之，菖蒲促进能力最弱，而千屈菜呈现出对硝化作用的抑制作用，可能是因为千屈菜前期生长状况不佳。在硝态氮含量基本稳定在0.2mg/L以下后，有植物处理的硝态氮含量基本上高于无植物对照处理，也说明了植物对水体的硝化作用有促进作用。从总体看各处理水体硝态氮含量都不高，可能是因为底泥对NH_4^+的吸附作用较强，且水中氧气不足，抑制硝化作用的进行。

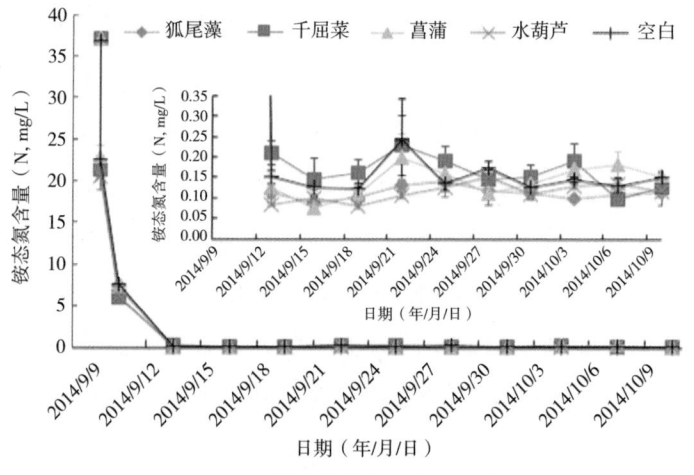

图4-1　上覆水中铵态氮的含量变化

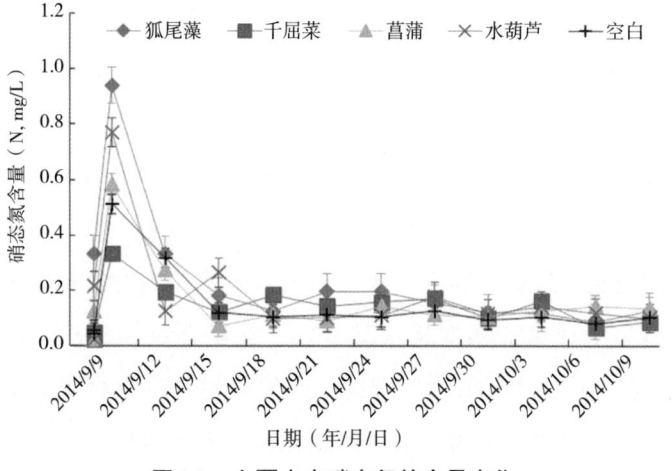

图4-2　上覆水中硝态氮的含量变化

3. 总　氮

图4-3是不同植物处理上覆水中总氮的变化趋势图，总体趋势与铵态氮的变化趋势一致，但各有植物处理与无植物对照处理的差异比铵态氮更明显。如图4-3所示，各植物处理上覆水中的总氮含量均低于无植物对照处理对照，这说明植物对水体中总氮的去除是有促进作用的，其中，狐尾藻促进能力最强，总氮由最初的45.8mg/L降至1.548mg/L，去除率为96.6%；其次是水葫芦和菖蒲，分别降至1.908mg/L和2.259mg/L，去除率分别为95.8%和95.1%；促进作用最弱的为千屈菜，但最终去除率也达到了94.7%，均高于无植物对照处理的去除率93.4%。

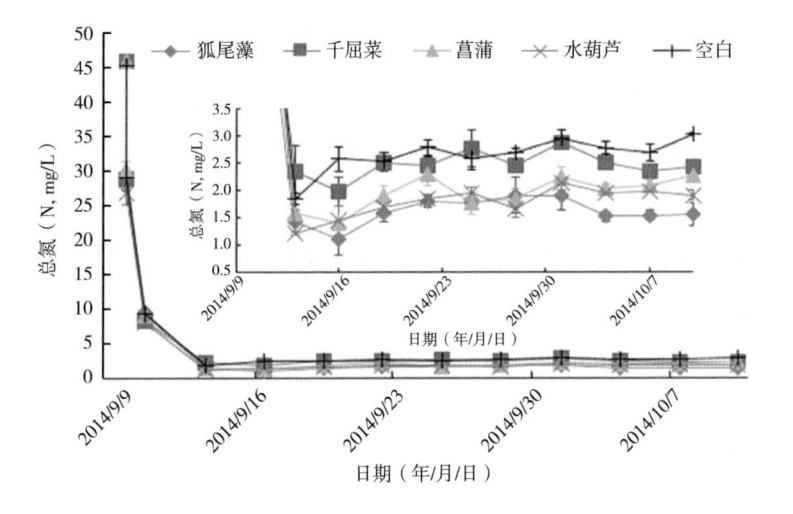

图4-3　上覆水中总氮含量的变化

（二）底泥氮素浓度变化

图4-4为试验期间不同植物处理中土壤铵态氮的浓度含量变化趋势图。在加入含氮培养液后的第2天无论是有植物的处理还是无植物的无植物对照处理底泥中的铵态氮含量都骤然上升，与图4-1中上覆水中铵态氮含量的下降相吻合，可以确定这是底泥对上覆水中氨氮的吸附作用，说明污染物质从上覆水转移到底泥沉积物中的行为与水生植物的关系不大。后狐尾藻处理底泥中的铵态氮含量较快速度地下降，降至低水平后逐渐趋于平稳；而其他3种植物呈曲折下降的趋势，且千屈菜降低底泥中的铵态氮效果要稍好于菖蒲和水葫芦；而与4种有植物处理相比，无植物对照处理底泥中的铵态氮含量一直处在比较高的水平，说明植物对

去除底泥中截留吸附的氮素是有促进作用的，其原因一方面是植物的吸收作用直接去除底泥中的氮素，另一方面植物促进微生物的硝化—反硝化作用从而间接影响底泥中氮素的去除。在本试验中去除底泥中的铵态氮能力强弱顺序为：狐尾藻>千屈菜>水葫芦和菖蒲。这可能与狐尾藻和千屈菜在底泥中的根系更为发达有关。

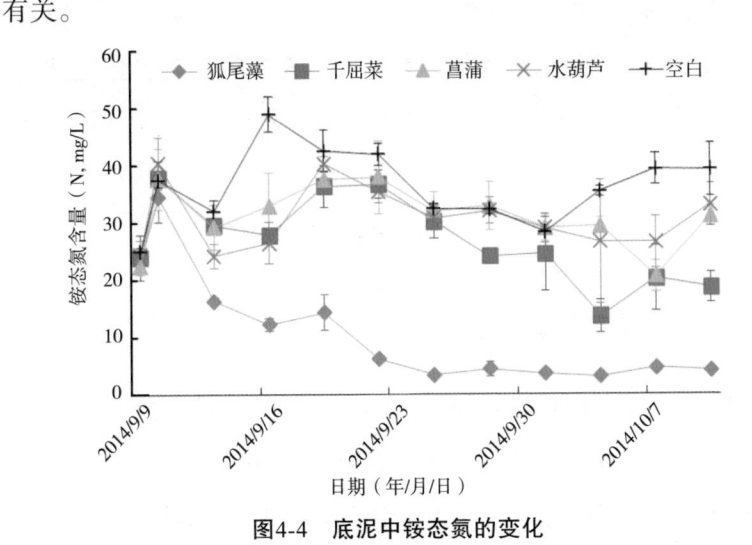

图4-4 底泥中铵态氮的变化

从图4-5不同植物处理底泥中硝态氮的变化趋势图看来，植物对底泥中的硝态氮影响差别没有铵态氮的影响作用那么明显。但无植物对照处理底泥中硝态氮处于相对平稳的缓慢上升趋势，而有植物处理底泥中的硝态氮含量均呈现先下降后上升的趋势。前期的下降是因为植物的吸收作用，后期硝化细菌的硝化作用将底泥中的铵态氮转变成了硝态氮又造成了底泥中硝态氮的上升趋势。最后试验结束时有植物处理硝态氮的含量均低于无植物对照处理。说明植物的吸收对于底泥中硝态氮的去除是有一定作用的。另外，从图4-5可以看出千屈菜处理中底泥中硝态氮的含量整体上较狐尾藻处理高，结合以上底泥中铵态氮的分析可以推测：千屈菜处理对底泥中铵态氮去除能力比较强是因为其促进硝化作用的能力强，而狐尾藻对底泥中铵态氮的去除是因为自身吸收铵态氮的能力强。

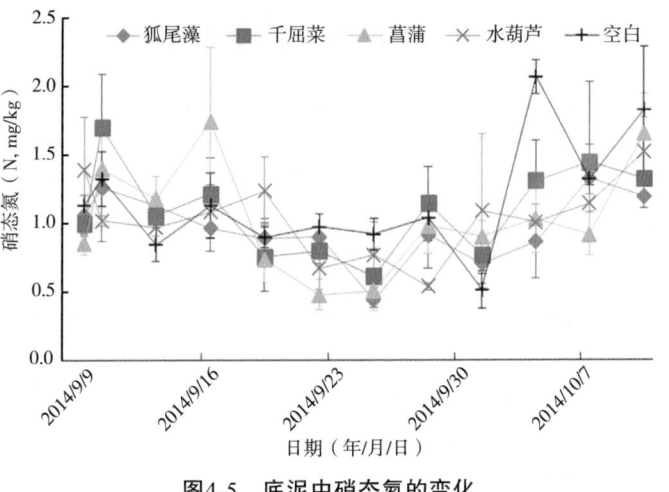

图4-5　底泥中硝态氮的变化

（三）植物生长状况

在试验过程中，狐尾藻、菖蒲、水葫芦均能很好地适应并生长，但特为试验水培出根系的千屈菜因植株矮小，而水位稍高，对其正常的生长造成了一些影响，有部分植株死亡。

表4-1中数据反映出4种供试植物在加入相同氮浓度（35mg/L）

培养液长期淹水的情况下培养32天里生物量增长率是有差异的，为145.48%~708.69%。其中狐尾藻的生物量增长量最大，增长率达到了708.69%；其次是水葫芦，增长率为419.8%，显著低于狐尾藻；千屈菜和菖蒲的增长率没有显著差异分别为145.48%和151.95%，但这两种植物的增长率显著低于狐尾藻和水葫芦。综合看来4种植物的生物增长率都相对较高，适应能力强，能很好地在氮素较高的富营养水体中生长。

表4-1　不同植物处理生物量状况

处理	初始总鲜重（g）	结束总鲜重（g）	鲜重增长率（%）	地上部分		地下部分	
				鲜重（g）	干重（g）	鲜重（g）	干重（g）
狐尾藻	40.9 ± 0.2	330.4 ± 4.8	708.7 ± 12.3	266.3 ± 8.8	24.8 ± 0.7	64.1 ± 5.6	7.6 ± 0.6
千屈菜	39.9 ± 0.4	98.8 ± 11.1	145.5 ± 27.4	57.2 ± 7.8	5.0 ± 0.2	41.6 ± 3.3	5.4 ± 0.9
菖蒲	44.4 ± 0.5	111.9 ± 8.1	152.0 ± 17.2	66.8 ± 5.9	7.3 ± 0.5	45.1 ± 2.8	7.7 ± 1.7
水葫芦	41.8 ± 0.8	216.9 ± 29.9	419.8 ± 77.2	166.1 ± 27.7	8.9 ± 2.1	50.8 ± 3.1	3.8 ± 0.9

从图4-6中可知在加入相同氮浓度（35mg/L）培养液长期淹水的情况下，植物地上部分的TN含量的大小依次为：千屈菜>菖蒲>水葫芦>狐尾藻。各种植物地下部分的TN含量没有显著差异。而各植物地上部分的TN含量基本上显著高于地下部分的TN含量。

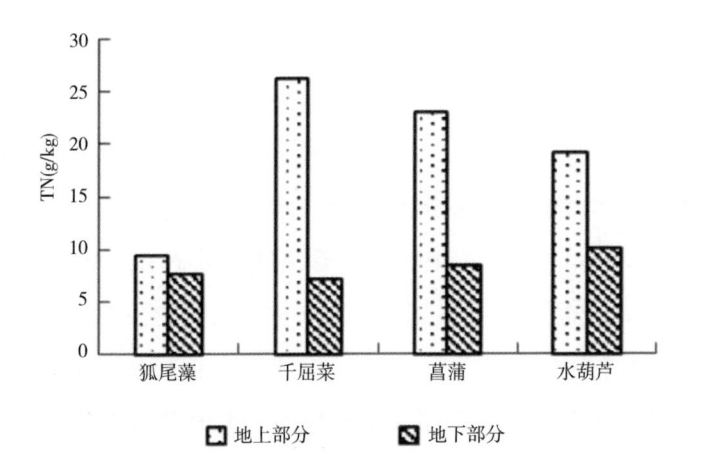

图4-6　收获时植株中的TN含量

从图4-7中可以看出收获的植物中狐尾藻的总氮量为0.29g，显著高于其他的植物；菖蒲的总氮量位居第二，总氮量为0.23g，水葫芦的总氮量略高于千屈菜，总氮量分别为0.198g和0.18g，差异不明显。

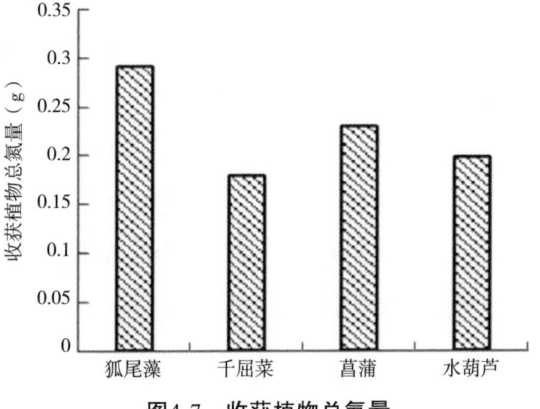

图4-7　收获植物总氮量

将植物生物量、植物氮含量与上覆水中总氮去除率进行相关性分析，发现总氮去除率与生物量呈显著正相关（相关系数0.989，$P<0.05$），与植物地上氮含量呈显著负相关（相关系数 -0.985，$P<0.05$），与植物地下部分氮含量没有显著相关性。

综合表4-1、图4-6和图4-7来看，虽然狐尾藻地上部分TN含量最低，但是因为其生长繁殖能力非常强，生物量增长速度快，因此它在净化富营养水体中的氮素的能力依然优于其他3种植物。其次TN含量和生物增长量处中间水平的菖蒲净化富营养水体中的氮素的能力在4种植物中相对较强。水葫芦和千屈菜净化富营养水体中的氮素的能力在4种植物中相对较弱。

（四）N₂O排放规律特征

1. N₂O通量变化

图4-8是不同植物处理在长期淹水状态N₂O排放通量的变化情况趋势图。在长期淹水状态下，有植物处理的N₂O的排放通量介于 $-3.56\sim9.31\mu g\ N/（m^2\cdot h）$，而无植物的无植物对照处理N₂O的变化趋势比较平稳，在 $-1.26\sim2.2\mu g\ N/（m^2\cdot h）$轻微波动，基本上趋近于$0\mu g\ N/（m^2\cdot h）$。相比而言有植物的处理N₂O排放的变化波动较大，其中狐尾藻的波动幅度最为明显，千屈菜、菖蒲、水葫芦波动相对差异不大，但有植物的处理波动的趋势是一致的，说明有种影响植物生长的因素间接影响了N₂O的排放。

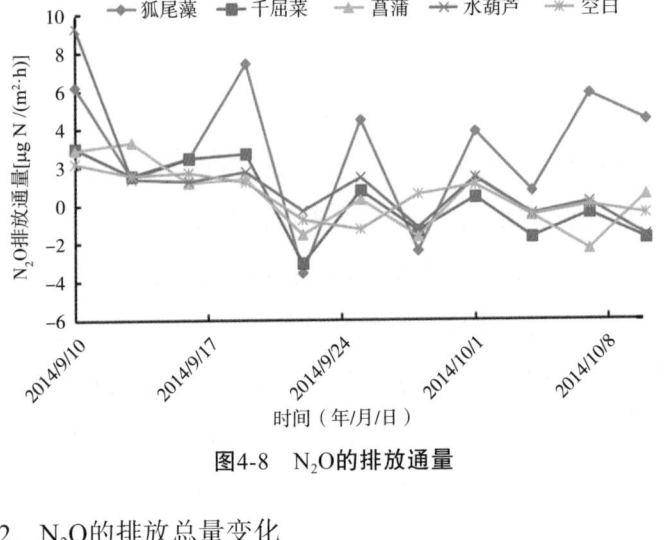

图4-8　N₂O的排放通量

2. N₂O的排放总量变化

图4-9是不同植物处理在长期淹水状态N₂O排放总量的变化情况趋势。如图4-9所示，狐尾藻处理排放的N₂O总量最多，远远超过其他处理，且后期上升速度比前期更快，这可能是因为前期系统中含有的硝态氮少，只有硝化作用产生N₂O，而后期随着硝态氮的增加，反硝化作用也随之增强，硝化—反硝化作用同时进行而产生了更多的N₂O。水葫芦处理排放的N₂O也较多，能与其他处理看出明显差异，但上升速度前期快，后期逐渐变得平缓，可能原因是其对反硝化作用的促进没有狐尾藻强。菖蒲和千屈菜处理与无植物对照处理N₂O排放总量均较低。这3个处理的N₂O排放总量在前10天内都快速上升，之后菖蒲和千屈菜处理的N₂O排放总量又缓慢下降，呈现出对N₂O的吸收现象，而无植物的无植物对照处理基本上保持平稳。说明菖蒲和千屈菜在系统中氮素含

量较多时有助于N_2O的释放，在氮素含量较少时对N_2O有吸收的作用。

　　总体来看试验各处理N_2O的排放通量并不高，有时甚至出现吸收N_2O的现象。对比图4-1、图4-2、图4-4和图4-5中铵态氮和硝态氮的含量可知，这主要是由于在长期淹水状态使系统中处于相对厌氧的状态，硝化作用受到了抑制，而系统中硝态氮较少，所以反硝化作用也不强，导致N_2O产生得较少。且在淹水的条件下底泥中产生的N_2O不易排放到空气中，而植物有助于N_2O的传输。在底泥中N_2O较多时，植物能吸收并排放到空气中，当底泥中N_2O较少时，植物也会出现吸收空气中的N_2O的现象。

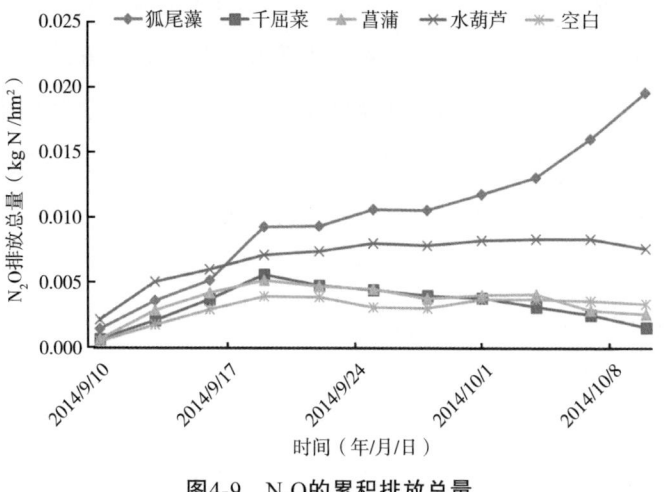

图4-9　N_2O的累积排放总量

（五）辅助水质指标pH值、溶解氧、氧化还原电位变化分析

由图4-10所示为试验期间不同植物处理的辅助水质指标pH值走势。如图4-10显示，有植物的处理上覆水的pH值基本上低于无植物的无植物对照处理，这与前两轮试验的结果是一致的。说明了植物的存在能够降低上覆水中的pH值。不同的植物对pH值的降低能力是不同的，其中，菖蒲处理的上覆水pH值的变化相对于无植物对照处理是最小的。千屈菜对水体pH值降低能力比菖蒲稍强，千屈菜处理前期pH值水平较低可能是因为部分千屈菜的死亡，残体腐败分解对pH值影响较大。水葫芦对水体的pH值影响较大，狐尾藻对上覆水pH值的降低最为明显。因除千屈菜外，其

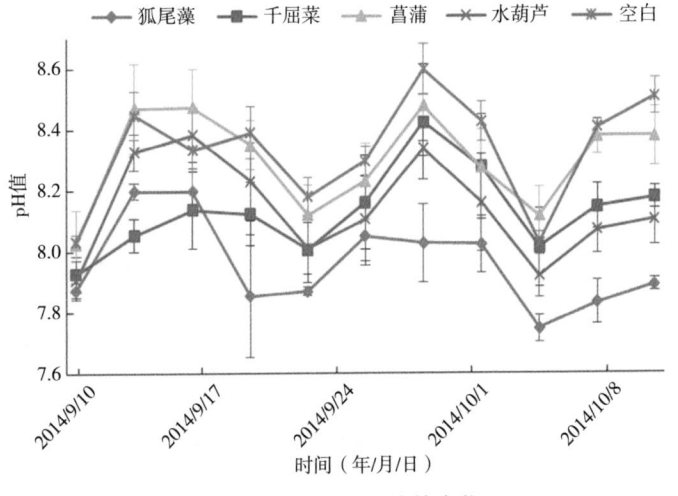

图4-10　上覆水pH值的变化

他植物没有死亡腐败现象，所以对pH值的降低作用的差别主要是植物呼吸作用的强度不同和吸收NH_4^+能力不同的共同作用效果。

图4-11为试验期间不同植物处理的辅助水质指标DO的走势。从图4-11看来，不同植物处理与无植物对照处理的总体趋势是一致的，处理间差异不大，有植物的处理上覆水的DO基本上高于无植物的无植物对照处理，这是因为植物种植密度不大，对于空气向水体进行复氧影响不大，且植物的水下部分得到更多的光能，光合作用产生的氧气除了供自身的呼吸作用还有部分富余。其中，千屈菜处理前期受枯萎植株腐败分解的影响，水体DO消耗得较多。以上结果再一次说明沟渠中植物需定期收获，以避免植物密度大和枯萎造成水体中DO过低而影响水中其他生物的正常生长。

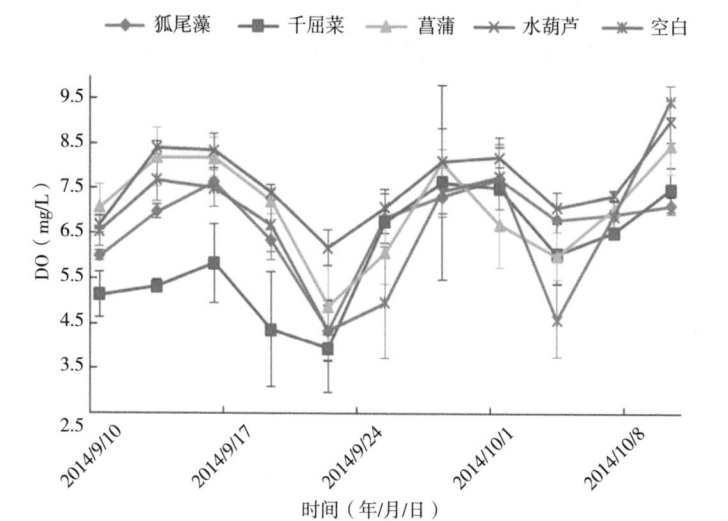

图4-11　上覆水DO的变化

图4-12为试验期间不同植物处理的辅助水质指标Eh的走势。图4-12所示结果再次验证，有植物的处理氧化还原电位要高于无植物的无植物对照处理，对氧化还原电位的升高有作用。而不同植物对上覆水中的Eh影响差异不大，Eh总体表现为狐尾藻>千屈菜>水葫芦>菖蒲。经SPSS19.0软件对其与水中各形态氮素含量进行相关性分析发现，Eh与水中的硝态氮呈显著负相关（$P<0.05$），而硝态氮是反硝化反应的底物，说明了Eh的升高促进了反硝化反应的进行，增加了N_2O的生成量。

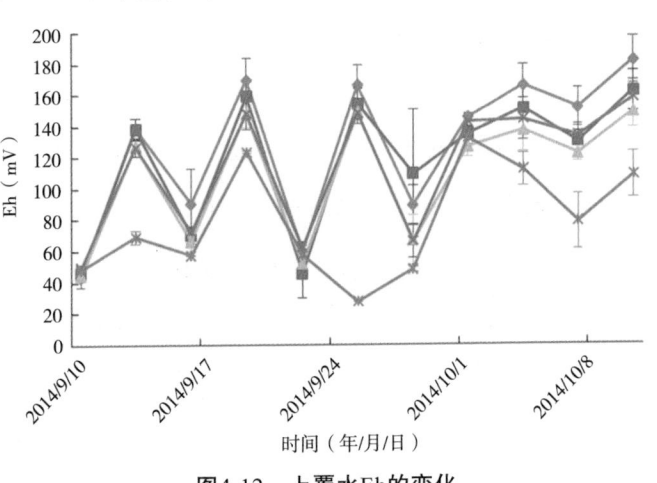

图4-12　上覆水Eh的变化

（六）氮素去除途径的贡献比较

表4-2列出了本次试验结束时不同植物处理中各氮素去除途径的最终去除量占总耗氮量的比重。从表4-2可以看到各处理除

了消耗了施加在水体中的氮素外，还消耗了底泥中的氮素，消耗总氮量为0.126~0.414g，其中水葫芦处理的消耗总氮量最大，千屈菜、菖蒲次之，狐尾藻处理相对其他3种植物处理消耗总氮量较小，无植物对照处理消耗总氮量最小。表4-2显示各处理主要的去氮途径为植物吸收和其他去除途径，N_2O排放氮量比重很小，与前两轮试验结果相符。植物吸收去除氮量的比重最大的是狐尾藻处理，达到了101.791%，且该处理N_2O排放去除氮量的比重也是5个处理中比重最大的，其他去除氮量比重为负值，可能是因为狐尾藻对空气中的氨吸附吸收作用比较强，使其他处理中挥发的氨沉降到狐尾藻处理中。菖蒲处理中的植物吸收总氮量比重次之为64.156%，而千屈菜和水葫芦处理的植物吸收总氮量相差不大，分别为48.958%和47.798%。无植物对照处理的氮素去除主要是依靠氨挥发，其比重高达90%以上。

表4-2　氮素去除途径最终去除比重

植物处理	施氮量（g）	底泥TN变化量（g）	水中剩余总氮量（g）	消耗总氮量（g）	植物吸收总氮量比重（%）	N_2O排放总氮量比重（%）	其他去除途径除氮量比重（%）
狐尾藻	0.105	-0.185	0.004	0.285	101.791	6.869	-8.660
千屈菜	0.105	-0.270	0.007	0.368	48.958	0.453	50.590
菖　蒲	0.105	-0.260	0.007	0.358	64.156	0.735	35.109
水葫芦	0.105	-0.315	0.006	0.414	47.798	1.843	50.359
无植物对照处理	0.105	-0.030	0.009	0.126	0.000	2.744	97.256

注：消耗总氮量=施氮量－底泥TN变化量－水中剩余总氮量

三、小 结

通过设置本次室内模拟试验，研究了狐尾藻、千屈菜、菖蒲和水葫芦4种不同的植物在施加3L较低浓度氮素培养液（35mg N/L）且长期淹水的条件下对氮素去除影响，结论如下。

(1) 在上覆水氮浓度较高时，底泥对水体中的氮素截留作用非常明显。仅在前4天内，所有处理上覆水中的氮素就已达到较好的去除效果，去除率都达到了93%以上且基本达到稳定。相比之下不同植物处理对上覆水氮素去除的影响较小，但也有一定的作用，能力从强到弱表现为：狐尾藻>水葫芦>菖蒲>千屈菜。

(2) 植物促进氮素的去除，在本次试验中4种植物对氮素的吸收量为狐尾藻>菖蒲>水葫芦>千屈菜，且发现水中总氮去除率与植物收获生物量呈正比，与植物地上部分氮含量呈反比。

(3) 植物促进了N_2O的释放，促进能力为狐尾藻>水葫芦>菖蒲>千屈菜。但在长期淹水的环境，且系统中硝态氮含量不高的条件下，各处理N_2O的排放总量非常小。经SPSS19.0对N_2O排放通量进行相关性分析，未找到与其显著相关的影响因素，可能是因为淹水状态导致N_2O释放受阻，影响了N_2O排放通量与其他影响因素的相关性。

(4) 水体pH值、DO浓度和Eh都是氮循环的重要因素。水生植物能够降低水体pH值，使水体保持在中性—微碱性，促进植物自身对氮素的吸收，并提高了硝化反硝化细菌的活性。植物的存在也升高水体DO浓度，促进了硝化作用的产生。同时植物提高了水体的Eh，这将会促进反硝化作用的产生，加速氮素的去除。

第五章　氮素去除效果对干湿交替的响应

一、试验设计

农田中大多数沟渠不深，但水位会随着降雨和农耕活动习惯而变化，呈现干涸状态的现象也时有发生，所以农田沟渠常常会出现干湿交替的情况，水位和土壤中水分含量对沟渠湿地生态系统中的氮素去除有着一定的影响，不同植物也会对不同的水分环境做出不同的反应。因此，该试验设立不同植物在干湿交替的情况下对沟渠中含氮水体氮素去除作用的室内模拟，以探究沟渠湿地生态系统在干湿交替的情况下，不同植物对含氮水体的净化能力，及其中的净化去除规律。

（一）试验方案

水生植物在干湿交替状态下氮素的去除效果研究的供试植物有4种，分别为狐尾藻、千屈菜、菖蒲、水葫芦，试验于2014年10月26日至2014年12月4日进行，为期40天。试验的起始日均为加入培养液后一天，终止日均为植物收获日。

（1）待培养土经浸泡1周，除去杂质后，取长势相同的狐尾藻、千屈菜、菖蒲、水葫芦用清水洗净，分别栽入培养箱中，每种植物作为一个处理，每个处理有3个重复，千屈菜、菖蒲、水葫芦每箱种植约40g，狐尾藻每箱种植约26g，记录下每箱植物具体重量，加自来水培养1周，使其适应环境，能够自然生长。另还设置一个无植物对照处理，一共5个处理，15个培养箱。

(2) 加水前，用软管和洗耳球采用虹吸的方法将培养箱内的自来水排出箱外，尽量去尽泥土表面残留水。并对每个培养箱进行原始底泥土样的采集。

(3) 此次试验设置的培养液含氮浓度为35mg/L，将配制好的培养液分别加入15个培养箱中，每箱加3L。在试验过程中不再补给蒸发吸收的水量，直到处理中水分基本干涸，植物表现出缺水状态的趋势时再一次性补给3L培养液。在该次试验中在10月8日向每个培养箱添加了3L氮浓度35mg/L的培养液，在10月20日向每个培养箱补给了3L不含氮素的培养液。

(4) 样品采集周期：

底泥样在开始前一天采集一次，气样、水样、底泥样每隔2天采集一次（与气体采样时间重叠），植物样在试验结束当天采集一次。

（二）测试项目

水样：铵态氮、硝态氮、总氮

植物样：总氮

底泥样：铵态氮、硝态氮、总氮

气样：N₂O

在采集水样的同时测量DO、pH值、Eh等水质指标。方法详见第二章。

二、结果分析

（一）水体氮素含量的变化特征

1. 铵态氮

由图5-1可知，不同处理中上覆水中的铵态氮含量变化的趋势是一致的，处理间的差异非常小，但有植物的处理中上覆水的铵态氮均低于无植物的无植物对照处理，说明在去除上覆水中的铵态氮时，土壤吸附的影响是最大的，而植物对上覆水中的铵态氮去除有促进作用，但是影响较小。从图中可以发现每次加入35mg/L含氮培养液后培养液中的铵态氮的含量减少得都很快，但是经历过干涸状态，第二次加入培养液（11月8日）后，培养液中氨氮含量在第4天就均降低到1mg/L以下，而第一次未经历过干涸状态加入培养液（10月25日）后，培养液中氨氮含量到第7天才降低到1mg/L以下。因此，干湿交替状态加速了上覆水中的氨氮的去除。这是有几方面的原因：一是因为底泥水分较少，对水分的吸收动力很大，水中的氮素随着水分的吸收进入底泥；二是因为底泥与上覆水中铵态氮的浓度差推动了上覆水中的铵态氮向底泥转移；三是底泥干涸状态下水分太少阻碍了植物对铵态氮的吸收，当补给培养液后，植物体内相对于水中营养物质处于贫营养状态，因此植物对铵态氮的吸收也相对更快；四是因为干涸状态下底泥中空气较多，加入培养液后，底泥吸水的同时也会向上覆水释放其中的空气，增加了上覆水中的氧气，从而促进了上覆水中的硝化细菌将铵态氮转化为硝态氮。

图5-1中的小图为试验期间11月12日至11月26日铵态氮含量变化的放大图，在第三次补给未含氮的培养液（11月21日）后，无植物的无植物对照处理上覆水中的氨氮含量出现升高，可能是因为底泥向上覆水释放了氨氮，而有植物的处理上覆水中的氨氮含量未出现明显波动，说明植物能够抑制底泥向上覆水体释放氮素。

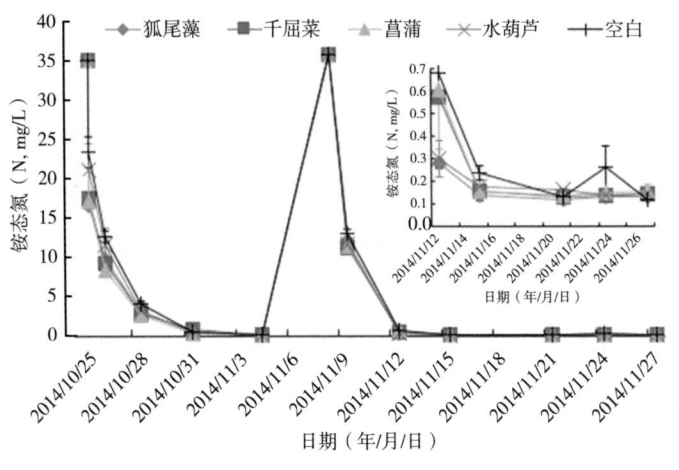

图5-1 上覆水中铵态氮含量的变化

2. 硝态氮

由图5-2可知在每次加入含氮培养液后上覆水中的硝态氮含量均呈现先上升后下降的趋势，这是硝化与反硝化交替作用的结果，且可以看出同样是加入3L含氮量35mg/L的培养液，第二次加入后比第一次加入后上覆水中硝态氮含量上升的幅度更大，达到顶峰的速度更快，与铵态氮含量呈负相关，这个过程是铵态氮通过硝化作用转化成了硝态氮，与上述上覆水中铵态氮含量下降的第四个原因吻合。说明了干湿交替状态明显促进了系统中的硝化—反硝化作用。不同植物处理对硝化作用的促进效果也不同，强弱为水葫芦>狐尾藻>千屈菜>菖蒲，但差异不明显。

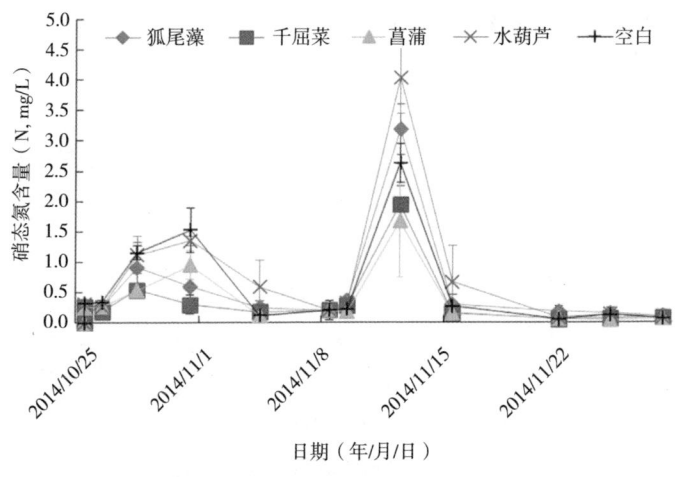

图5-2　上覆水中硝态氮含量的变化

3. 总　氮

如图5-3所示，上覆水中总氮含量的变化趋势几乎与铵态氮一样，在每次加入含氮培养液后迅速降低，但前后两次下降分别花了10天和7天所有处理的上覆水总氮才达到2mg/L以下且基本平稳的状态，去除率到达95%以上，降低速度相对铵态氮要迟缓，这是因为上覆水中的氮素除了迁移还有不同氮素形态间的转化。经SPSS19.0软件进行相关性分析发现，水中的TN与水中NH$_4^+$呈极显著正相关（$P<0.01$），而与水中的NO$_3^-$无显著相关性，说明本试验中上覆水中的氮素去除主要是靠土壤的直接吸附或植物的吸收，硝化与反硝化作用相对较小。最终各处理中总氮含量为：无植物对照处理（2.704mg/L）>菖蒲（2.265mg/L）>水葫芦（1.784mg/L）>狐尾藻（1.682mg/L）>千屈菜（1.498mg/L）。

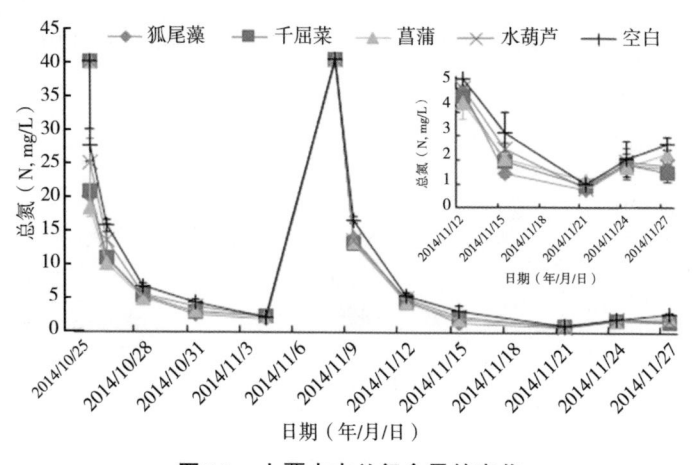

图5-3　上覆水中总氮含量的变化

（二）底泥氮素浓度变化

从图5-4可以看出所有的处理底泥中铵态氮的变化趋势是一致的，呈上升—下降—平缓—下降—上升—下降的波动下降状态。底泥中铵态氮的两次上升都非常快速，均出现在两次加入含氮培养液后，这是底泥的吸附作用使上覆水中的大量氨氮迅速进入底泥中，且第二次增加速度比第一次更快，是由于第二次底泥含水量低，铵态氮能随着底泥吸收的水分而进入底泥，而不仅仅是因为底泥与上覆水中铵态氮浓度差的作用而使其进入底泥。结合图5-5底泥中硝态氮的变化趋势来看，铵态氮的下降均有一部分原因是由于硝化作用使铵态氮转化成了硝态氮。其中，铵态氮含量的前两次下降都较快，是因为第一次底泥中铵态氮含量高而硝态氮含量低，加速了硝化作用；第二次下降正好为各处理上覆水干涸时期，充足的氧气提高了硝化细菌的活跃性，加速了铵态氮向硝态氮转化；第三次下降是加水后第二天左右，铵态氮含量相对第一次较低，高水位使底泥处厌氧状态，因此下降速度比较平缓。

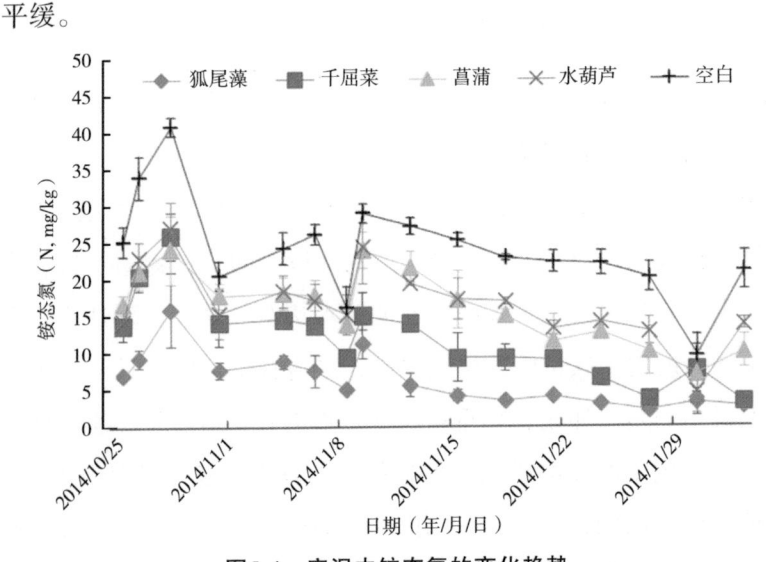

图5-4　底泥中铵态氮的变化趋势

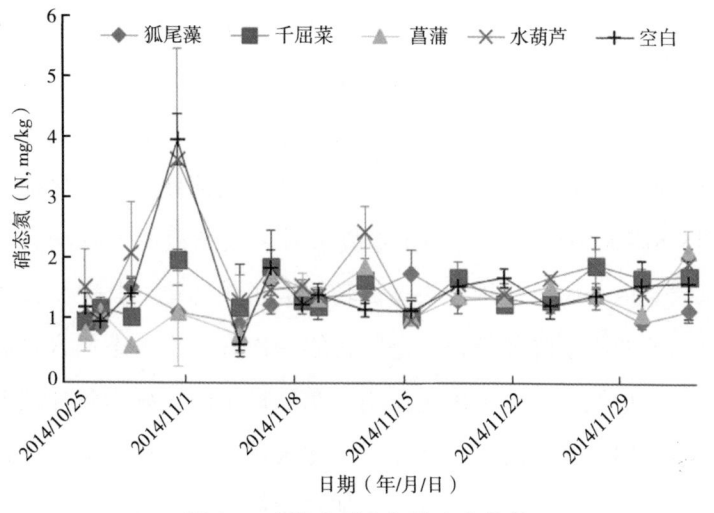

图5-5　底泥中硝态氮的变化趋势

（三）植物生长状况

在试验过程中，4种植物均能较好的适应并生长，未出现植株死亡的现象，但从表5-1中可得知在干湿交替的情况下各水生植物均没有在长期淹水状态下生长得好。其中原因一个是因为水生植物喜湿润环境，期间水分干涸的那段时间对植物的生长造成了一定的影响；另一个是因为长期淹水状态下氮素去除试验期间的平均温度比本次试验的温度要高，更适宜植物的生长。其中受影响最小的是千屈菜，鲜重增长率依然有136.17%。其他植物的生长都受到了明显的影响，但狐尾藻的鲜重增长率依然是4种水生植物中最高的，为254%。作为浮水植物的水葫芦在干湿交替条件下虽然能存活，但生物量增长率却只有93%。菖蒲的生物量增长率最少，为36.94%。因此，在干湿交替状态下，4种供试植物的适应能力依次为千屈菜>狐尾藻>水葫芦>菖蒲，所以在现实环境中水流量较少比较容易干涸的沟渠应多考虑种植千屈菜。

表5-1　不同植物处理中植物生物量状况

处　理	初始总鲜重（g）	结束总鲜重（g）	鲜重增长率（%）	地上部分		地下部分	
				鲜重（g）	干重（g）	鲜重（g）	干重（g）
狐尾藻	26.6±0.0	94.1±9.4	254	72.2±8.2	8.3±0.5	21.9±1.5	3.5±0.2
千屈菜	40.8±0.1	96.4±3.3	136.2	43.2±1.6	4.9±0.1	53.2±4.7	9.3±1.5
菖　蒲	41.4±0.1	56.6±2.5	36.9	33.7±2.0	5.2±0.0	22.9±2.0	4.8±0.2
水葫芦	41.3±0.6	80.1±2.6	94.0	52.6±6.7	5.6±1.2	27.5±4.9	2.8±0.5

在干湿交替状态下植物体内的TN含量与长期淹水状态下的植物相比有所改变（图5-6）。千屈菜、菖蒲、水葫芦地上部分的TN含量均有所降低，而狐尾藻地上部分TN的含量有所升高，但依旧是4种植物中最低的。总体上植物地上部分TN含量从高到低依次为：菖蒲>千屈菜>水葫芦>狐尾藻。菖蒲和千屈菜地上部分TN含量没有明显差异，水葫芦与狐尾藻地上部分TN也没有明显差异。地下部分TN含量均低于地上部分TN含量，不同植物间地下部分TN的差异变得明显，从高到低的顺序与地上部分一致。

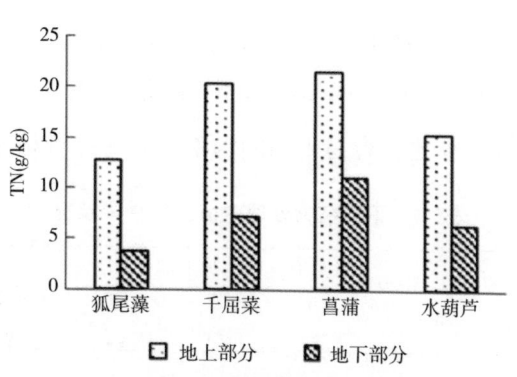

图5-6　收获时植物体内TN含量

图5-7表明了收获时植物的总氮量，不同植物收获时总氮量范围在0.099~0.165g，均比长期淹水状态下的植物的总氮量有所减少，这主要是受生物量增长率下降的影响。其中，千屈菜与菖蒲的总氮量相差不大，但明显高于狐尾藻和水葫芦，水葫芦因为生物量和体内TN浓度都不高所以收获总氮量最少。总体来看，本次试验中植物的吸收总氮量占施氮量（0.21g）的比例还是比较大的，因此在较低氮浓度水体处理中植物的吸收作用比较大。

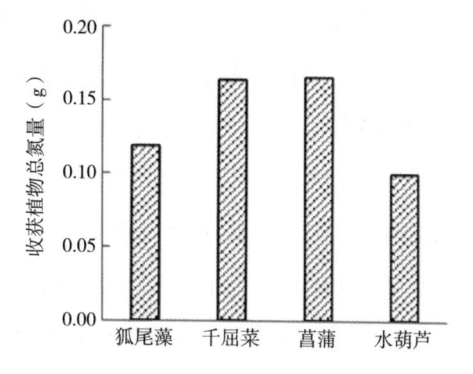

图5-7　收获植物总氮量

（四）N_2O排放规律特征

如图5-8，从整个试验周期来看，在此次干湿交替状态下的试验中，N_2O的排放通量出现了两个较为明显的排放峰，均是发生在加入含氮培养液后，其余时间N_2O波动较小，说明氮素的施加会促进N_2O的排放。第一次N_2O排放峰在加入培养液后的第5天达到顶峰，排放峰持续时间长（约10天）；第二次N_2O排放峰在加入培养液后的第3天达到顶峰，排放峰持续时间相对较短（约6天），且第二次的峰顶值[33.21~93.19μg N/（$m^2\cdot$h）]要远远超过第一次的顶峰值[6-9μg N/（$m^2\cdot$h）]，这是因为形成第二次N_2O的排放峰的来源有两个，其一是因为在干涸状态时底泥氧气充足，促进了大量的铵态氮经历硝化作用转变成了硝态氮，当加入培养液后，水位没过土面，底泥环境相对形成了一个厌氧环境，大量的硝态氮作为反硝化作用的底物，提高了反硝化作用的速率，从而促进了反硝化作用产物N_2O的生成；其二，第二次加入培养液后，底泥中的氧气溶于上覆水中，促使第二次上覆水中的氧气比第一次多，且铵态氮含量高，硝氮含量低，也促进了硝化作用将铵态氮转化成硝态氮，这也会产生一定量的N_2O。而第一次加入培养液时土壤中硝态氮含量不高，只有硝化作用，所以尽管N_2O排放通量在此时出现了一个小高峰，却远没有硝化—反硝化作用两个作用同时进行产生的N_2O排放通量高。因此，干湿交替状态会明显促进N_2O的排放。由SPSS19.0软件分析N_2O的排放通量与水中硝态氮含量呈极显著相关性（$P<0.01$），且未发现

N_2O的排放通量与水中铵态氮含量之间存在明显相关性，又由于硝态氮是反硝化作用的底物，推测本试验中N_2O的排放主要来自于反硝化过程。

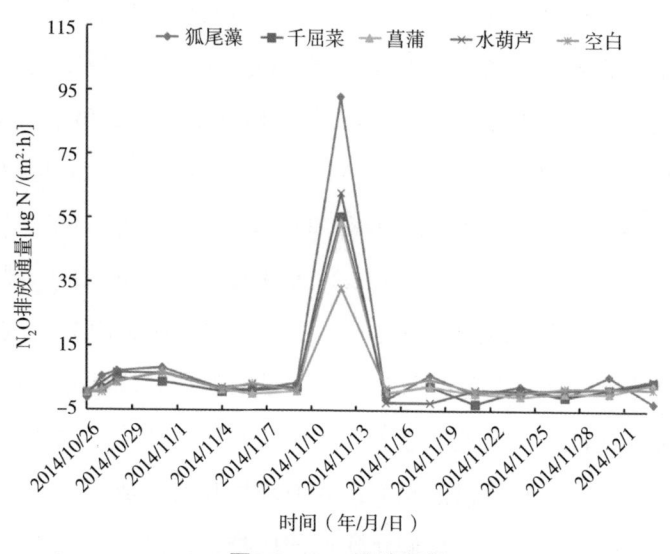

图5-8　N_2O排放通量

从不同的处理来看，有植物的处理的N_2O排放通量变化趋势的波动均比无植物的无植物对照处理大，不论是对N_2O的释放还是吸收，无植物对照处理的表现更为平缓，且在两次N_2O排放高峰，无植物对照处理N_2O的排放通量都不及或稍滞后于有植物的处理，第二个排放峰的差别尤为明显，有植物的处理N_2O的排放通量的最大值为53.7~93.19μg N/（m^2· h），远远超过无植物对照处理[33.21μg N/（m^2· h）]。这是因为植物浓密丰富的根茎给硝化细菌和反硝化细菌提供了良好的附着和生长的环境，促进了硝化—反硝化作用的进行；另外植物能够利用自己的通气组织作为"导管"将底泥中或溶于水中的N_2O吸收并排放到大气中；而且有研究[98-101]表明植物本身也能产生N_2O气体。其中不同植物处理对N_2O释放的促进作用也是不同的，在本试验中4种植物处理释放N_2O强弱的表现为狐尾藻>水葫芦>菖蒲>千屈菜。虽然植物对N_2O的释放表现为促进作用，可联系图5-1至图5-3上覆水中的氮素情况，以及图5-4和图5-5底泥中氮素情况就可知，植物促进N_2O的释放只是在系统中氮素较多的时候，而当系统中氮素较少时，植物对N_2O也会有吸收的表现，但吸收量不大。

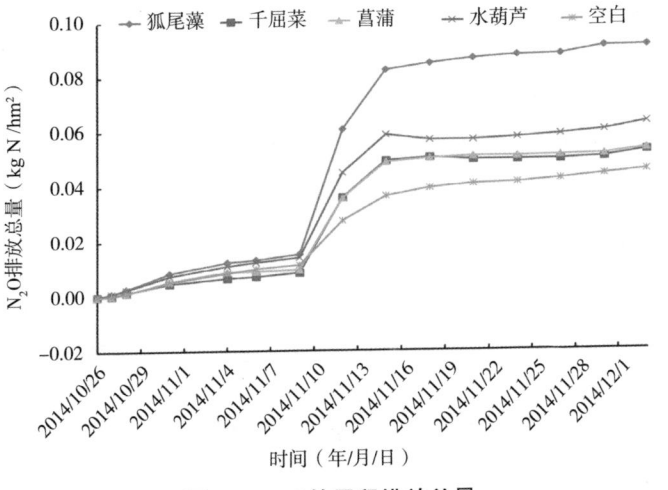

图5-9　N_2O的累积排放总量

从图5-9中可以看出干湿交替状态下N_2O的排放总量远远超过长期淹水状态下N_2O的排放总量，说明干湿交替状态对硝化-反硝化的促进作用非常明显，其中各处理的N_2O累积总排放量中有55.2%~77.3%的N_2O是在第二次加入含氮培养液后的两天内排放出来的。狐尾藻处理N_2O排放总量最多，远超过其他处理，水葫芦处理N_2O排放总量位居第二，菖蒲和千屈菜处理N_2O排放总量差异不大，无植物对照处理N_2O排放总量最少。

（五）辅助水质指标pH值、溶解氧、氧化还原电位变化分析

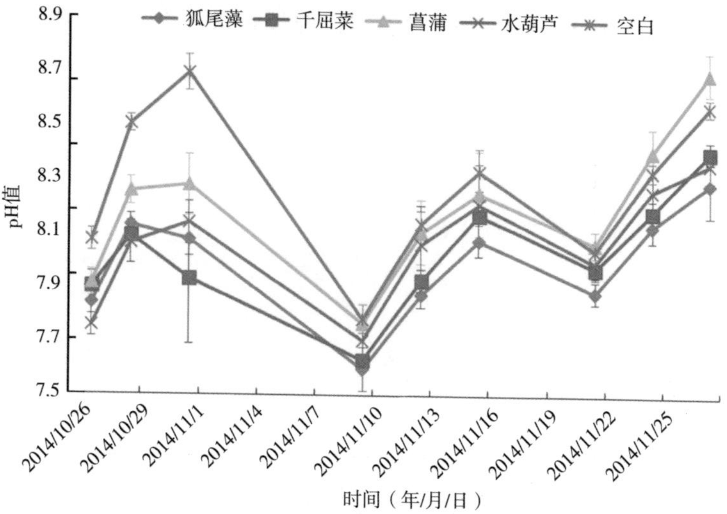

图5-10 上覆水pH值的变化

在此次试验中，如图5-10所示，无植物对照处理的pH值同样是高于有植物处理的pH值，总体上各处理pH值的从低到高依次为：狐尾藻<千屈菜<水葫芦<菖蒲<无植物对照处理。且在每次加入培养液后，上覆水中的pH值均呈上升趋势。当水体偏碱性时

NH_4^+易转化为气态的NH_3，挥发进入大气。试验过程中无植物对照处理上覆水的pH值有大部分时间都高于8，由此推测无植物对照处理中氨态氮的去除有相当一部分是通过氨气的挥发作用。

如图5-11所示，试验过程中各处理上覆水的DO在每次加入培养液后均呈现上升趋势，这可能是因为在加水前，有部分氧气存在于底泥中，加水后，水的压力将底泥中的空气挤出，并有部分氧气溶于了上覆水中。同时因为试验过程中不会每天补给蒸发水量，因此，上覆水的水位慢慢下降，空气对水体的复氧作用对水体的DO的影响作用慢慢变大，导致上覆水的DO随加入培养液后的时间的推移而增加。

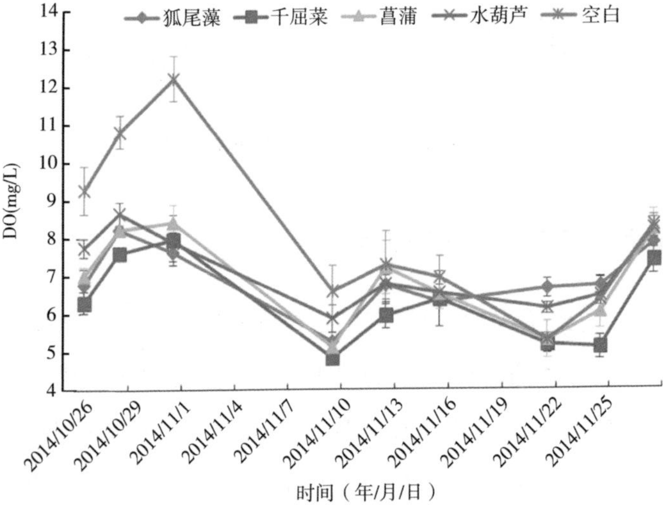

图5-11 上覆水DO的变化

试验过程中有植物处理的Eh均高于无植物对照处理，Eh反映水体中氧化反应的强弱，如图5-12所示处理上覆水中氧化性从强到弱依次为：狐尾藻>千屈菜>水葫芦>菖蒲>无植物对照处理，与第四章的结果一致。

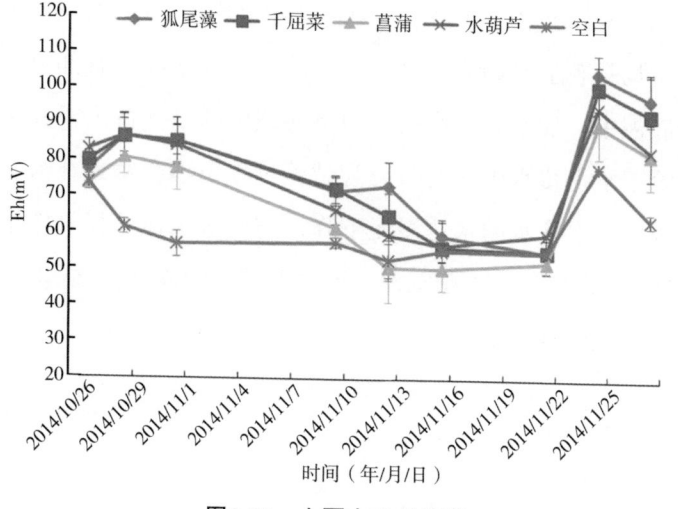

图5-12　　上覆水Eh的变化

（六）氮素去除途径的贡献比较

表5-2列出了本次试验结束时不同植物处理中各氮素去除途径的最终去除量占总耗氮量的比重。消耗总氮量最大的为千屈菜处理，可能是由于千屈菜更适应在干湿交替环境中生长。表5-2数据显示，在干湿交替的环境条件下N_2O排放总氮量比重大幅度提高，其他去除途径除氮量比重相对下降，但植物吸收依旧是比重较大的氮去除途径。植物吸收总氮量比重最大的是菖蒲处理，这可能是由于菖蒲植株内氮含量较高的原因，而最小的是水葫芦

处理，这是因为干湿交替环境下水葫芦生长受到了较明显的影响。狐尾藻处理N₂O排放总氮量比重较其他4个处理是最大的，且其他去除途径除氮量比重为负，表现出狐尾藻处理中有明显的氮沉降现象。

表5-2 氮素去除途径最终去除比重

植物处理	施氮量（g）	土壤TN变化（g）	消耗总氮量（g）	植物吸收总氮量比重（%）	N_2O排放总氮量比重（%）	其他去除途径除氮量比重（%）
狐尾藻	0.210	0.010	0.200	59.362	45.502	−4.864
千屈菜	0.210	−0.105	0.315	52.018	16.725	31.257
菖蒲	0.210	−0.018	0.228	72.568	23.418	4.013
水葫芦	0.210	−0.040	0.250	39.841	25.177	34.982
无植物对照处理	0.210	0.010	0.200	0.000	22.729	77.271

注：消耗总氮量=施氮量 − 底泥TN变化量

三、小 结

通过设置本次室内模拟试验，研究了狐尾藻、千屈菜、菖蒲和水葫芦4种不同的植物在干湿交替的条件下对氮素去除影响，结论如下。

（1）未经历干涸状态加入含氮培养液后10天内，上覆水氮素去除率达到95%以上，而经历干涸状态后加入含氮培养液仅用7

天去除率就已达到95%，说明干湿交替状态明显提高了氮素去除效率。

（2）在本试验中，水生植物对系统中氮素的吸收总量为0.099~0.165g，占施氮总量（0.21g）的比例是比较大的，说明在处理低浓度含氮水体时，植物的吸收作用是比较大的。但在干湿交替的情况下，4种水生植物生长均受到了抑制，生物量增长率均相对于长期淹水试验中的植物有所减少，受影响最小的是千屈菜，因此在现实环境中水流量较少比较容易干涸的沟渠应多考虑种植千屈菜。总体而言，在干湿交替环境下植物通过吸收去除氮素的能力为：千屈菜和菖蒲>狐尾藻>水葫芦。

（3）干湿交替的状态对N_2O的释放的促进作用非常明显，主要是因为干湿交替状态更有利于硝化—反硝化作用的交替进行。N_2O的排放通量与水中硝态氮含量呈极显著相关性（$P<0.01$），且未发现N_2O的排放通量与水中铵态氮含量之间存在明显相关性，又由于硝态氮是反硝化作用的底物，推测本试验中N_2O的排放主要来自于反硝化过程。另外，不同植物对N_2O的释放也具有促进作用，促进能力为狐尾藻>水葫芦>菖蒲>千屈菜，与长期淹水状态的试验结果一致。

第六章　结论与展望

一、结　论

本研究针对沟渠对农业面源氮素的去除，通过室内模拟的方法，以狐尾藻、千屈菜、菖蒲、水葫芦作为研究对象，分别研究了在不同浓度氮营养条件下、长期淹水条件下和干湿交替条件下，不同水生植物对氮素的迁移转化规律的影响，探讨氮素主要去除途径及影响因素，为合理选择沟渠水生植物种类，提高沟渠水生植物氮素去除效率提供科学依据。主要研究结果如下。

(1) 在不同浓度氮营养条件下，菖蒲和水葫芦试验组在试验结束时对各浓度上覆水中的氮素去除率均达到73%以上，去除能力强弱均为100mg/L含氮处理>200mg/L含氮处理>400mg/L含氮处理。长期淹水条件下，各植物处理仅在4天内就将TN含量为45mg/L上覆水中的氮素去除了97%。在干湿交替条件下，两次加入含氮培养液后各植物处理上覆水中的氮素也分别在10天和7天内达到基本去除。综合所有试验可知沟渠湿地系统在不同条件下对不同浓度含氮水体中氮素去除的能力都较大。

(2) 底泥对上覆水中氮素的截留作用是水体中氮素去除最重

要最快速的途径。在本次各试验中大部分处理的底泥对氮素的吸附量均能在6天内达到最大值，且底泥的最大吸氮量基本能达到施加氮量的3/4左右，其增加了氮素的停留时间，为通过植物吸收、N_2O、N_2排放和氨挥发等途径从系统中彻底去除氮素提供了更多的时间。

(3) 各水生植物在不同条件下均能够存活。在不同氮浓度培养液条件下，植物生长在较高氮浓度培养液中的状况比较低浓度氮培养液中差，不同浓度处理中植物的吸氮量占施加氮量的比例均在10%~30%，植物吸收作用对上覆水氮素去除的贡献随处理氮浓度的升高而增大。不同植物吸收氮素的能力也有不同。在长期淹水条件下，总氮去除率与植物生物量和地上部分氮含量呈显著正相关，试验结束时收获植株总氮量为0.18~0.29g，吸收氮素的强弱顺序为：狐尾藻>菖蒲>水葫芦>千屈菜，而在干湿交替条件下收获植株总氮量为0.1~0.17g，植物吸氮总量均有所减少，植物吸收去除氮素的能力强弱也有所变化,为：千屈菜和菖蒲>狐尾藻>水葫芦。所以，应根据现实条件合理选取沟渠水生植物以达到最佳去除效果。

(4) 在长期淹水状态下，系统处于厌氧状态，且铵态氮含量多，硝态氮含量较少，硝化—反硝化作用受到抑制，且淹水状态也阻碍了N_2O的释放，因此N_2O的排放对水中氮素去除的贡献均较小，在系统去除总氮量中所占比例均不到3%，但随着施氮量的增加，N_2O排放总量也增加。而干湿交替状态能有效促进N_2O的释放，加速系统中氮素的去除，使N_2O的排放对系统中氮素去除的贡献率提高至16.7%~45.5%，且分析得出N_2O的排放通量与水中NO_3^-含量呈极显著相关性（$P<0.01$），而与水中铵态氮含量之间没有明显相关性，推测本试验中干湿交替状态下N_2O的排放主要来自于反硝化过程。植物对N_2O的释放有促进作用，促进能力为狐尾藻>水葫芦>菖蒲>千屈菜。

(5) 水体pH值、DO浓度和Eh都是氮循环的重要因素。植物可以通过影响水体的pH值、DO浓度和Eh来间接影响氮素的迁移转化。植物的存在能降低和稳定水中的pH值，使水体保持在中性—微碱性，促进植物自身对氮素的吸收，并提高了硝化反硝化细菌的活性，加快硝化作用的速率，从而提高水中氮素的去除。植物的存在对水体DO浓度也会产生影响，当植物生长密度太大时，将会降低水体中的DO浓度，不利于硝化作用的产生和其他生物的生长，因此为了提高水中DO保持在正常水平，增加植物的生长空间，促进植物的生长，且防止植物腐败降解给水体带来二次污染，应定期及时收获植物。另外植物的加入会提高水体的Eh，这将会促进反硝化作用的发生，加速氮素的去除。

二、展　望

由于试验条件、时间和笔者经验不足的限制，本研究还有很多方面需要改进和深入探究。

(1) 本研究探讨了氮素的去除途径有底泥的吸附、植物的吸收、N_2O的排放，但是由于试验条件缺陷没有对N_2和NH_3的排放进行检测，造成试验分析不全面。

(2) 由于试验场地受限制，不同试验处理相隔较近，导致不同处理间氨挥发和氨沉降对实际试验结果产生了一定的干扰，在试验条件允许的情况下，不同处理应分开放置，减少干扰。

(3) 本试验中因用铵态氮配制培养液，导致氨挥发比例比较大，之后的试验因考虑用硝态氮配制培养液做对比试验，或引入自然水体作为培养液。

(4) 因本试验中底泥吸附作用影响很大，导致不同植物对水体氮素的去除影响差异不明显，考虑以浮床取代底泥对植物的固定作用以明确不同植物对水中氮素的去除作用。

(5) 由于环境影响因素众多，系统中氮素迁移转化复杂，以上影响因素分析得还不够透彻，可考虑控制各种条件进行单因子分析。

参考文献

[1] Qu J, Fan M. The current state of water quality and technology development for water pollution control in China[J]. *Critical Reviews in Environmental Science and Technology*, 2010,40 （PⅡ 9228186726）:519-560.

[2] 胡雪涛, 陈吉宁, 张天柱. 非点源污染模型研究[J]. 环境科学, 2002（3）:124-128.

[3] Ongley E D, Zhang X, Yu T. Current status of agricultural and rural non-point source Pollution assessment in China[J]. *Environmental Pollution*, 2010,158（5）:1 159-1 168.

[4] 徐谦. 我国化肥和农药非点源污染状况综述[J]. 农村生态环境, 1996（2）:39-43.

[5] 郑涛, 穆环珍, 黄衍初, 等. 非点源污染控制研究进展[J]. 环境保护, 2005（2）:31-34.

[6] 贺缠生, 傅伯杰, 陈利顶. 非点源污染的管理及控制[J]. 环境科学, 1998（5）:88-92.

[7] Lindau S T, Tang H, Gomero A, et al. Sexuality among middle-aged and older adults with diagnosed and undiagnosed

diabetes a national, population-based study[J]. *Diabetes Care*, 2010,33（10）:2 202-2 210.

[8] Olli G, Darracq A, Destouni G. Field study of phosphorous transport and retention in drainage reaches[J]. *Journal of Hydrology*, 2009,365（1-2）:46-55.

[9] 李强坤, 李怀恩, 胡亚伟, 等. 青铜峡灌区氮素流失试验研究 [J]. 农业环境科学学报, 2008（2）:683-686.

[10] Maxted J T, Diebel M W, Zanden M J V. Landscape planning for agricultural non-point source pollution reduction. Ⅱ. Balancing watershed size, number of watersheds, and implementation effort.[J]. *Environmental Management*, 2009,43（1）:60-68.

[11] Kronvang B, Graesboll P, Larsen S E, et al. Diffuse nutrient losses in Denmark[J]. *Water Science and Technology*, 1996,33（4-5）:81-88.

[12] 杨爱玲, 朱颜明. 地表水环境非点源污染研究[J]. 环境科学进展, 1999（5）:60-67.

[13] 金洁, 杨京平. 从水环境角度探析农田氮素流失及控制对策 [J]. 应用生态学报, 2005（3）:579-582.

[14] 张维理, 武淑霞, 冀宏杰, 等. 中国农业面源污染形势估计及 控制对策Ⅰ. 21世纪初期中国农业面源污染的形势估计[J]. 中 国农业科学, 2004（7）:1 008-1 017.

[15] 顾晓君, 刘刚, 闫其涛, 等. 安全型农业初探——基于马斯洛

需求理论视角[J]. 中国农学通报, 2010（14）:429-432.

[16] 司友斌, 王慎强, 陈怀满. 农田氮、磷的流失与水体富营养化[J]. 土壤, 2000（4）:188-193.

[17] 徐红灯, 王京刚, 席北斗, 等. 降雨径流时农田沟渠水体中氮、磷迁移转化规律研究[J]. 环境污染与防治, 2007（1）:18-21.

[18] Herzon I, Helenius J. Agricultural drainage ditches, their biological importance and functioning[J]. *Biological Conservation*, 2008,141（5）:1 171-1 183.

[19] Pinay G, Pritchart J. Importance of near and instream zones in small agricultural catchments to buffer diffuse nitrogen pollution.[J]. *Soils Newsletter*, 2011,34（1）:24-27.

[20] Alexander R B, Smith R A, Schwarz G E. Effect of stream channel size on the delivery of nitrogen to the Gulf of Mexico[J]. *Nature*, 2000,403（6 771）:758-761.

[21] Borin M, Tocchetto D. Five year water and nitrogen balance for a constructed surface flow wetland treating agricultural drainage waters[J]. *Science of the Total Environment*, 2007,380（1-3SI）:38-47.

[22] 姜翠玲, 崔广柏, 范晓秋, 等. 沟渠湿地对农业非点源污染物的净化能力研究[J]. 环境科学, 2004（2）:125-128.

[23] Tanner C C, Nguyen M L, Sukias J. Nutrient removal by a constructed wetland treating subsurface drainage from grazed

dairy pasture[J]. *Agriculture Ecosystems & Environment*, 2005,105（1-2）:145-162.

[24] Peterson B J, Wollheim W M, Mulholland P J, et al. Control of nitrogen export from watersheds by headwater streams[J]. *Science*, 2001,292（5 514）:86-90.

[25] Birgand F, Skaggs R W, Chescheir G M, et al. Nitrogen removal in streams of agricultural catchments—A literature review[J]. *Critical Reviews in Environmental Science and Technology*, 2007,37（5）:381-487.

[26] 陆海明, 孙金华, 邹鹰, 等. 农田排水沟渠的环境效应与生态功能综述[J]. 水科学进展, 2010（5）:719-725.

[27] 徐红灯, 席北斗, 王京刚, 等. 水生植物对农田排水沟渠中氮、磷的截留效应[J]. 环境科学研究, 2007（2）:84-88.

[28] 贺锋, 吴振斌. 水生植物在污水处理和水质改善中的应用[J]. 植物学通报, 2003（6）:641-647.

[29] 童昌华, 杨肖娥, 濮培民. 富营养化水体的水生植物净化试验研究[J]. 应用生态学报, 2004（8）:1 447-1 450.

[30] Gulati R D, van Donk E. Lakes in the Netherlands, their origin, eutrophication and restoration: state-of-the-art review[J]. *Hydrobiologia*, 2002,478（1-3）:73-106.

[31] Lauridsen T L, Jensen J P, Jeppesen E, et al. Response of submerged macrophytes in Danish lakes to nutrient loading reductions and biomanipulation[J]. *Hydrobiologia*, 2003,506

（1-3）:641-649.

[32] 李慎瑰. 湿地植物根际微生物处理生活污水的模型研究[D]. 武汉：华中师范大学, 2009.

[33] Cedergreen N, Streibig J C, Spliid N H. Sensitivity of aquatic plants to the herbicide metsulfuron-methyl[J]. *Ecotoxicology and Environmental Safety*, 2004,57（2）:153-161.

[34] Lacoul P, Freedman B. Relationships between aquatic plants and environmental factors along a steep Himalayan altitudinal gradient[J]. *Aquatic Botany*, 2006,84（1）:3-16.

[35] 罗专溪, 朱波, 唐家良, 等. 自然沟渠控制村镇降雨径流中氮磷污染的主要作用机制[J]. 环境科学学报, 2009（3）:561-568.

[36] Wood A. Constructed wetlands in water pollution control: Fundamentals to their understanding[J]. *Water Science and Technology*, 1995,32（3）:21-29.

[37] 唐静杰. 水生植物—根际微生物系统净化水质的效应和机理及其应用研究[D]. 江南大学环境工程, 2009.

[38] 吴振斌, 陈辉蓉, 贺锋, 等. 人工湿地系统对污水磷的净化效果[J]. 水生生物学报, 2001（1）:28-35.

[39] 蒋跃平, 葛滢, 岳春雷, 等. 人工湿地植物对观赏水中氮磷去除的贡献[J]. 生态学报, 2004（8）:1 720-1 725.

[40] Chen D, Lu J, Wang H, et al. Seasonal variations of nitrogen and phosphorus retention in an agricultural drainage river in

East China[J]. *Environmental Science and Pollution Research*, 2010,17（2）:312-320.

[41] Bramwell S A, Prasad P. Performance of a small aquatic plant waste-water treatment system under caribbean condition[J]. *Journal of Environmental Management*, 1995,44（3）:213-220.

[42] 方云英, 杨肖娥, 常会庆, 等. 利用水生植物原位修复污染水体[J]. 应用生态学报, 2008（2）:407-412.

[43] 姜翠玲, 崔广柏. 湿地对农业非点源污染的去除效应[J]. 农业环境保护, 2002（5）:471-473.

[44] 傅玲. 水生植物群落对水体中氮磷净化效果研究[D]. 南京: 南京师范大学, 2014.

[45] 宋海亮, 吕锡武. 利用植物控制水体富营养化的研究与实践[J]. 安全与环境工程, 2004（3）:35-39.

[46] 孙婵. 水生植物群落建植对城市湖泊水环境影响研究[D]. 南京: 南京林业大学, 2008.

[47] 焦燕, 金文标, 赵庆良, 等. 水生植物接触氧化工艺修复氮素污染河水[J]. 东北林业大学学报, 2010（8）:91-94.

[48] 李淑英, 周元清, 胡承, 等. 水生植物组合后根际微生物及水净化研究[J]. 环境科学与技术, 2010（3）:148-153.

[49] 伍华雯, 陆开宏, 钱伟, 等. 固定化微生物联合大型水生植物净化养殖废水的实验研究[J]. 中国水产科学, 2013（2）:316-326.

[50] 陆海明, 孙金华, 邹鹰, 等. 农田排水沟渠的环境效应与生态功能综述[J]. 水科学进展, 2010,21（5）:719-725.

[51] 王沛芳, 王超, 胡颖. 氮在不同生态特征沟渠系统中的衰减规律研究[J]. 水利学报, 2007（9）:1 135-1 139.

[52] 孙文浩, 俞子文, 余叔文. 城市富营养化水域的生物治理和凤眼莲抑制藻类生长的机理[J]. 环境科学学报, 1989（2）:188-195.

[53] 何池全, 叶居新. 石菖蒲（Acorus tatarinowii）克藻效应的研究[J]. 生态学报, 1999（5）:166-170.

[54] 孙文浩, 俞子文, 邰根福, 等. 凤眼莲无菌苗培养及其克藻效应[J]. 植物生理学报, 1990（3）:301-305.

[55] Nakai S, Inoue Y, Hosomi M, et al. Growth inhibition of blue-green algae by allelopathic effects of macrophyte[J]. *Water Science and Technology*, 1999,39（8）:47-53.

[56] Li F M, Hu H Y. Isolation and characterization of a novel antialgal allelochemical from Phragmites communis[J]. *Applied and Environmental Microbiology*, 2005,71（11）: 6 545-6 553.

[57] 罗固源, 郑剑锋, 许晓毅, 等. 4种浮床栽培植物生长特性及吸收氮磷能力的比较[J]. 环境科学学报, 2009（2）:285-290.

[58] 周小平, 王建国, 薛利红, 等. 浮床植物系统对富营养化水体中氮、磷净化特征的初步研究[J]. 应用生态学报, 2005（11）:195-199.

[59] Ran N, Agami M, Oron G. A pilot study of constructed wetlands using duckweed（*Lemna gibba L.*）for treatment of domestic primary effluent in Israel[J]. *Water Research*, 2004,38（9）:2 241-2 248.

[60] El-Shafai S A, El-Gohary F A, Nasr F A, et al. Nutrient recovery from domestic wastewater using a UASB-duckweed ponds system[J]. *Bioresource Technology*, 2007,98（4）:798-807.

[61] 孙婵. 水生植物群落建植对城市湖泊水环境影响研究[D]. 南京：南京林业大学, 2008.

[62] 孙宇. 洋河水库水环境的水生植物修复研究[D]. 武汉：华中农业大学, 2006.

[63] Collins B S, Sharitz R R, Coughlin D P. Elemental composition of native wetland plants in constructed mesocosm treatment wetlands[J]. *Bioresource Technology*, 2005,96（8）:937-948.

[64] 张贵龙, 赵建宁, 刘红梅, 等. 不同水生植物对富营养化水体无机氮吸收动力学特征[J]. 湖泊科学, 2013（2）:221-226.

[65] 吴建强, 黄沈发, 丁玲. 水生植物水体修复机理及其影响因素[J]. 水资源保护, 2007,23（4）:18-22, 36.

[66] Ansari A A, Khan F A. Remediation of eutrophic water using Lemna minor in a controlled environment[J]. *African Journal of Aquatic Science*, 2008,33（3）:275-278.

[67] 苏文华, 张光飞, 张云孙, 等. 5种沉水植物的光合特征[J]. 水生生物学报, 2004（4）:391-395.

[68] Moronta R, Mora R, Morales E. Response of the microalga Chlorella sorokiniana to pH, salinity and temperature in axenic and non axenic conditions. [J]. *Revista de la Facultad de Agronomia, Universidad del Zulia*, 2006,23（1）:28-43.

[69] 陈刚, 谢田, 莫非. 光照、$NaHCO_3$和pH值对金鱼藻光合作用的影响[J]. 贵州环保科技, 2004（4）:16-19.

[70] Britto D T, Kronzucker H J. NH_4^+ toxicity in higher plants: a critical review[J]. *Journal of Plant Physiology*, 2002,159（6）:567-584.

[71] Britto D T, Siddiqi M Y, Glass A, et al. Subcellular NH_4^+ flux analysis in leaf segments of wheat（Triticum aestivum）[J]. *New Phytologist*, 2002,155（3）:373-380.

[72] Jampeetong A, Brix H. Effects of NH_4^+ concentration on growth, morphology and NH_4^+ uptake kinetics of Salvinia natans[J]. *Ecological Engineering*, 2009,35（5）:695-702.

[73] Rayar A J, Hai T V. Effect of ammonium on uptake of phosphorus, potassium, calcium and magnesium by intact soybean plants.[J]. *Plant and Soil*, 1977,48（1）:81-87.

[74] Wang C, Zhang S H, Wang P F, et al. Metabolic adaptations to ammonia-induced oxidative stress in leaves of the submerged macrophyte Vallisneria natans（Lour.）Hara[J]. *Aquatic*

Toxicology, 2008,87（2）:88-98.

[75] Barker A V. Ammonium accumulation and ethylene evolution by tomato infected with root-knot nematode and grown under different regimes of plant nutrition[J]. *Communications in Soil Science and Plant Analysis*, 1999,30（1-2）:175-182.

[76] 金相灿, 郭俊秀, 许秋瑾, 等. 不同质量浓度氨氮对轮叶黑藻和穗花狐尾藻抗氧化酶系统的影响[J]. 生态环境, 2008（1）:1-5.

[77] 李伟, 程玉. 洪湖主要沉水植物群落的定量分析Ⅲ.金鱼藻+菹草+穗花狐尾藻群落[J]. 水生生物学报, 2000（1）:30-35.

[78] 母国宏. 不同土地利用状况下土壤N_2O排放及其估算[D]. 杨凌: 西北农林科技大学, 2008.

[79] 葛滢, 王晓月, 常杰. 不同程度富营养化水中植物净化能力比较研究[J]. 环境科学学报, 1999（6）:690-692.

[80] 梁运祥. 底泥磷释放对氮磷的吸附及投加微生物对底泥磷释放的影响[D]. 武汉: 华中农业大学, 2011.

[81] 籍国东, 倪晋仁. 人工湿地废水生态处理系统的作用机制[J]. 环境污染治理技术与设备, 2004（6）:71-75.

[82] 徐秀玲. 水生植物对水体氮磷的吸收特性及其在生态沟渠中的应用[D]. 上海: 上海交通大学, 2012.

[83] Saeed T, Sun G. A review on nitrogen and organics removal mechanisms in subsurface flow constructed wetlands: Dependency on environmental parameters, operating

conditions and supporting media[J]. *Journal of Environmental Management*, 2012,112:429-448.

[84] Mogge B, Kaiser E A, Munch J C. Nitrous oxide emissions and denitrification N-losses from agricultural soils in the Bornhoved Lake region: influence of organic fertilizers and land-use[J]. *Soil Biology & Biochemistry*, 1999,31（9）:1245-1252.

[85] 郑循华, 王明星, 王跃思, 等. 华东稻田CH_4和N_2O排放[J]. 大气科学, 1997（2）:104-110.

[86] 玄婉茹, 单明军, 郑春芳, 等. pH值和碱度对生物硝化的影响[J]. 燃料与化工, 2012,43（3）:36-38.

[87] 王珺, 柳世袭. 水生植物对富营养化水体的净化效应研究[J]. 杭州电子科技大学学报, 2008（2）:82-85.

[88] Kyambadde J, Kansiime F, Gumaelius L, et al. A comparative study of Cyperus papyrus and Miscanthidium violaceumbased constructed wetlands for wastewater treatment in a tropical climate[J]. *Water Research*, 2004,38（2）:475-485.

[89] Coleman J, Hench K, Garbutt K, et al. Treatment of domestic wastewater by three plant species in constructed wetlands[J]. *Water Air and Soil Pollution*, 2001,128（3-4）:283-295.

[90] Mengel K, Kirkby E A. Principles of plant nutrition[M]. Kluwer Academic Publishers.1982:355.

[91] 朱健, 李捍东, 王平. 环境因子对底泥释放COD、TN和TP的

影响研究[J]. 水处理技术, 2009（8）:44-49.

[92] Meerhoff M, Mazzeo N, Moss B, et al. The structuring role of free-floating versus submerged plants in a subtropical shallow lake[J]. *Aquatic Ecology*, 2003,37（4）:377-391.

[93] Inamori R, Wang Y, Yamamoto T, et al. Seasonal effect on N_2O formation in nitrification in constructed wetlands[J]. *Chemosphere*, 2008,73（7）:1 071-1 077.

[94] Maltais-Landry G, Maranger R, Brisson J, et al. Greenhouse gas production and efficiency of planted and artificially aerated constructed wetlands[J]. *Environmental Pollution*, 2009,157（3）:748-754.

[95] Johansson A E, Klemedtsson A K, Klemedtsson L, et al. Nitrous oxide exchanges with the atmosphere of a constructed wetland treating wastewater—Parameters and implications for emission factors[J]. *Tellus Series B-chemical and Physical Meteorology*, 2003,55（3）:737-750.

[96] Mander U, Lohmus K, Teiter S, et al. Gaseous fluxes in the nitrogen and carbon budgets of subsurface flow constructed wetlands[J]. *Science of the Total Environment*, 2008,404（2-3SI）:343-353.

[97] Sovik A K, Augustin J, Heikkinen K, et al. Emission of the greenhouse gases nitrous oxide and methane from constructed wetlands in Europe[J]. *Journal of Environmental Quality*,

2006,35（6）:2 360-2 373.

[98] 李楠,陈冠雄. 植物释放N_2O速率及施肥的影响[J].应用生态学报,1993（3）:295-298.

[99] 李俊,于强,同小娟.植物——大气N_2O一个重要的源[J].地学前缘,2002（1）:112.

[100]杨思河,陈冠雄,林继惠,等.几种木本植物的N_2O释放与某些生理活动的关系[J].应用生态学报,1995（4）:337-340.

[101]陈冠雄,商曙辉,于克伟,等.植物释放氧化亚氮的研究[J].应用生态学报,1990（1）:94-96.